6

Band 19 · Juni 1983

isotopenpraxis

AKADEMIE-VERLAG

ISSN 0021-1915 Isotopenpraxis, Berlin 19 (1983) 6, 185-220

EVP 9,- M

An unsere Autoren

Die Zeitschrift veröffentlicht Beiträge zu folgenden Themen: Kontrolle und Analyse radioaktiver und stabiler Isotope, Anwendung radioaktiver und stabiler Isotope in allen Gebieten der Forschung und Technik, der Industrie, Landwirtschaft und Medizin, Herstellung radioaktiver und stabiler Isotope sowie von markierten Verbindungen, kernelektronische Geräte für die Isotopenanwendung (Dickenmesser, Dichtemesser u. ä.) Detektoren für isotopentechnische Arbeiten und den Strahlenschutz in Isotopenlaboratorien, Meßtechnik und Strahlenschutz, Dosimetrie in Isotopenlaboratorien, kerntechnische Geräte für die Isotopenanwendung (Beton, Bestrahlungsanlagen u. ä.), Strahlenchemie, Radiochemie, ökonomische und perspektivische Fragen, Fragen der Weiterbildung.

1. Aufnahme von Manuskripten

Zur Veröffentlichung angenommen werden nur druckreife, noch nicht anderweitig publizierte Beiträge in deutscher, englischer oder russischer Sprache zum Themenbereich der Zeitschrift und zwar

- Originalarbeiten
- Kurze Mitteilungen
- Aus der Praxis
- Zusammenfassende Berichte
- Tagungsberichte
- Informationen.

Sind der Beitrag oder Teile daraus bereits veröffentlicht oder ist eine anderweitige Veröffentlichung vorgesehen, so muß dies der Redaktion mit genauer Angabe der Zweitveröffentlichung mitgeteilt werden. Mit der Annahme des Manuskriptes behält sich der Verlag das Recht der Vervielfältigung, Verbreitung und Übersetzung innerhalb der gesetzlichen Schutzfrist vor. Auszugsweiser Nachdruck oder photomechanische u. a. Wiedergabe sind an eine schriftliche Genehmigung des Verlages gebunden. Manuskripte, Zeichnungen und Photos von veröffentlichten Arbeiten werden nur auf den besonderen und bis zum Zeitpunkt der Veröffentlichung mitgeteilten Wunsch des Autors zurückgesandt.

Bei der unverlangten Einreichung von Manuskripten wird empfohlen, eine Befürwortung eines der Herausgeber oder Redaktionsausschußmitglieder beizufügen.

Manuskripte sind einzureichen bei der Redaktion, 1080 Berlin, Leipziger Str. 3–4

2. Form der Manuskripte

Die Autoren werden gebeten:

2 Manuskripte, eines davon in Original-Maschinenschrift, einseitig und mit 2zeiligem Abstand einzureichen; gut leserliche Photokopien sind zulässig; auf dem 1. Blatt (unter Weglassung der Bezeichnung)

- den Titel der Arbeit
- Vorname-Initialen und Namen sämtlicher Autoren
- gegebenenfalls die Institution, in der sie tätig sind
- eine kurze Zusammenfassung der Arbeit von höchstens 15 Zeilen
- Keywords in alphabetischer Reihenfolge und
- als Fußnote die Anschrift der Institution anzugeben;

wenn möglich, auf gesonderten Blättern Namen, Titel der Arbeit und Zusammenfassung in den beiden anderen obengenannten Sprachen 2fach beizufügen;

Literaturhinweise (fortlaufend numeriert), Fußnoten, Tabellen, Abbildungen (in 2–3facher Veröffentlichungsgröße), Abbildungsunterschriften (getrennt von den Abbildungen mit Zeichenerklärungen, Quellenangaben, falls erforderlich, und gegebenenfalls mit einem Vermerk für besondere Wünsche bezüglich der Abbildungsgröße), private und Dienstanschrift der Verfasser mit akademischen Titeln und ausgeschriebenen Vornamen auf besonderen Blättern ans Ende des Manuskriptes zu stellen;

Wünsche für den Kolumnentitel (Seitenüberschrift) bekanntzugeben;

Absätze durch Einzüge von mindestens 3 Anschlägen kenntlich zu machen; die Maßeinheiten des SI-Systems ("Systeme International") zu verwenden; Korrekturen im Manuskript unmittelbar an der zu korrigierenden Stelle anzubringen;

Formeln deutlich lesbar und möglichst groß einzutragen;

Farbabbildungen und nachträgliche Änderungen oder Ergänzungen in Abbildungen zu vermeiden;

hervorzuhebende Textstellen zu unterstreichen, und zwar halbfetten Satz mit einer geraden schwarzen Linie, kursiven Satz (Schrägschrift) mit einer blauen Wellenlinie (alle Eigennamen). Sperrungen gestrichelt;

besondere Buchstaben durch farbige Unterstreichung zu kennzeichnen, und zwar Formelzeichen in

- Griechisch-Kursiv ($\alpha, \beta, \ldots$) rot,
- Kursiv ($A, B, \ldots$) blau
- halbfetter Kursiv ($\boldsymbol{A}, \boldsymbol{B}, \ldots$) 2 Linien blau (Vektoren),
- halbfetter Grotesk ($\mathbf{A}, \mathbf{B}, \ldots$) 2 Linien violett (Tensoren);

bei Literaturangaben auf Vollständigkeit zu achten. In nachstehender Reihenfolge müssen angegeben sein:

a) bei *Zeitschriften*: Vorname-Initialen und Namen sämtlicher Autoren, Titel der Zeitschrift (nach „Periodica Chimica" oder möglichst wenig gekürzt), Bandnummer (unterstrichen), Jahreszahl (in Klammern), Heftnummer (nur bei Zeitschriften, die jedes Heft mit S. 1 beginnen) sowie die Seitenzahl, auf der die zitierte Arbeit beginnt.

b) Bei *Büchern*: Initialen der Vornamen und Name des Autors (Herausgeber werden durch den Zusatz „ed." gekennzeichnet), voll ausgeschriebener Titel des Buches in der Originalsprache, evtl. Bandnummer, voll ausgeschriebener Name des Verlages, Nummer der Auflage (außer der ersten), Erscheinungsort(e), Erscheinungsjahr (hier nicht in Klammern setzen!) und evtl. Kapitelnummer, Seitenzahl u. ä.

c) bei *Sammelbänden, Tagungsberichten*: Es soll zusätzlich der Titel des zitierten Beitrags angegeben werden. Die Seitenzahl muß unbedingt angegeben werden. Aus dem Zitat muß hervorgehen, ob es sich um einen Tagungssammelband oder um einen noch nicht veröffentlichten Vortrag handelt. Zwischen Tagungsort und Erscheinungsort des entsprechenden Tagungsberichts ist zu unterscheiden.

3. Korrekturen

Der Autor erhält zwei Umbruchabzüge, von denen einer möglichst schnell korrigiert an die Redaktion zurückgereicht werden soll. Auf Wunsch des Autors kann die Korrektur auch von der Redaktion gelesen werden.

Durch nachträgliche Manuskriptänderungen verursachte Korrekturkosten gehen, sofern sie 10% der Satzkosten übersteigen, zu Lasten des Autors.

Der Autor erhält 50 Sonderdrucke kostenlos. Weitere Sonderdrucke können bis zur Rückgabe der Korrekturabzüge auf Kosten des Autors bei der Redaktion bestellt werden.

Bezugsmöglichkeiten

Bestellungen sind zu richten

- **in der DDR** an den Postzeitungsvertrieb unter Angabe der Kundennummer des Bestellenden oder an den AKADEMIE-VERLAG, DDR-1086 Berlin, Leipziger Straße 3–4, PF-Nr. 1233
- **im sozialistischen Ausland** an eine Buchhandlung für fremdsprachige Literatur oder an den zuständigen Postzeitungsvertrieb
- **in der BRD und Berlin(West)** an eine Buchhandlung oder an die Auslieferungsstelle KUNST UND WISSEN, Erich Bieber OHG, D-7000 Stuttgart 1, Wilhelmstraße 4–6
- **in den übrigen westeuropäischen Ländern** an eine Buchhandlung oder an die Auslieferungsstelle KUNST UND WISSEN, Erich Bieber GmbH, CH-8008 Zürich, Dufourstraße 51
- **im übrigen Ausland** an den Internationalen Buch- und Zeitschriftenhandel; den Buchexport, Volkseigener Außenhandelsbetrieb der Deutschen Demokratischen Republik, DDR-7010 Leipzig, Postfach 160; oder an den AKADEMIE-VERLAG, DDR-1086 Berlin, Leipziger Straße 3–4

Zeitschrift „Isotopenpraxis"

Herausgeber: Im Auftrag des Akademie-Verlages herausgegeben von Prof. Dr. Justus Mühlenpfordt
Verlag: Akademie-Verlag, DDR-1086 Berlin, Leipziger Straße 3–4, PF-Nr. 1233; Fernruf: 2236229; Telex-Nr.: 114420;
Bank: Staatsbank der DDR, Berlin, Kto.-Nr.: 6836-26-20712
Verantwortlich für den Inhalt des Heftes: Prof. Dr. H. Hübner, Leipzig
Anschrift der Redaktion (Fernruf Frau H. Schier: 6351177) der Zeitschrift Isotopenpraxis: Akademie-Verlag, DDR-1086 Berlin, Leipziger Str. 3–4, PF-Nr. 1233
Veröffentlicht unter der Lizenznummer 1527 des Presseamtes beim Vorsitzenden des Ministerrates der Deutschen Demokratischen Republik
Gesamtherstellung: VEB Druckerei „Thomas Müntzer", DDR-5820 Bad Langensalza
Erscheinungsweise: Die Zeitschrift „Isotopenpraxis" erscheint monatlich. Die 12 Hefte eines Jahrganges bilden einen Band. Bezugspreis je Band 180,– M zuzüglich Versandspesen Preis für die DDR 108,– M) Preis je Heft 15,– (Preis für die DDR 9,– M)
Bestellnummer dieses Heftes: 1079/19/6

AN (EDV) 12831

ISOTOPENPRAXIS

Band 19 (1983) Heft 6, S. 185—220

Redaktion und Verlag: Akademie-Verlag, Redaktion Isotopenpraxis, DDR-1086 Berlin, Leipziger Straße 3—4

Inhaltsverzeichnis

Originalarbeiten

I. Maaß, J. Heyer, K. Wetzel, G. Weise

Fraktionierung der Schwefelisotope bei der chemischen und biochemischen Oxydation von Sulfid zu Sulfat

Isotopenpraxis 19 (1983) H. 6, S. 185 bis 192
3 Abb., 8 Tab., 19 Lit.

Es wurde das Verhalten der Schwefelisotope bei der chemischen und biochemischen Oxydation von Markasit (FeS_2) zu Sulfat in Ruhe -und Schüttelkulturen bei 30 °C untersucht. Die mikrobiologische Oxydation erfolgte mit einer Mischkultur der Bakteriengattung Thiobazillus. Die Resultate zeigen, daß die Sulfatbildung bei der biochemischen Oxydation erheblich schneller verläuft als bei der chemischen Oxydation. Die Isotopenanalysen am gebildeten Sulfat lassen in Abhängigkeit vom Versuchsansatz keine oder eine nur geringfügige Isotopenfraktionierung erkennen. Die Anreicherung von ^{32}S im entstehenden Sulfat beträgt im Höchstfall 1,7‰. Damit kann in Übereinstimmung mit Ergebnissen anderer Autoren geschlußfolgert werden, daß sowohl bei der chemischen als auch bei der biochemischen Verwitterung sedimentärer Sulfide unter Oxydation von Sulfid zu Sulfat Isotopieeffekte keine wesentliche Rolle spielen.

L. Jankowski

Einige Aufwand-Nutzen-Aspekte bei der Anwendung von Radioisotopen in der Industrie (*in Englisch*)

Isotopenpraxis 19 (1983) H. 6, S. 193 bis 195
– Abb., – Tab., 13 Lit.

Die ökonomische Effektivität eines Gerätes, Verfahrens oder einer Methode der Isotopentechnik charakterisiert die Beziehung des notwendigen zusätzlichen Aufwandes für ihre Entwicklung, Herstellung und Anwendung zu dem erwirtschafteten zusätzlichen ökonomischen Effekt. Sie ist abhängig von den Besonderheiten des Anwendungsbereiches und dem Umfang der Anwendung. Im Jahre 1980 wurden in den Ländern des RGW etwa 150000 Isotopengeräte und -verfahren angewendet, wobei der gesamte ökonomische Effekt aus dieser Anwendung etwa 1,5 Mrd. Rubel und der Koeffizient der Effektivität 1:8 bis 1:20 betrugen. In der Arbeit werden die Tendenzen der Entwicklung der Isotopentechnik in den verschiedenen Bereichen der Volkswirtschaft in einer engen Wechselbeziehung mit den Aufwand-Nutzen-Aspekten analysiert. An einer Reihe von Beispielen wird die Entwicklung des Effektivitätskoeffizienten dargestellt und die ihn beeinflussenden Faktoren beschrieben.

N. Gorski

Zur Kondensationsenergie des Nukleons im Kern und ihre Abhängigkeit vom Kernradius

Isotopenpraxis 19 (1983) H. 6, S. 196 bis 198
– Abb., 2 Tab., 6 Lit.

Die Kondensationsenergie des Nukleons b_v hängt vom Krümmungsradius des Kerns ab. Sie nimmt mit der Größe des Kerns zu und erreicht für die unendlich ausgedehnte Kernmaterie einen Wert von 28,71 MeV. Der b_v-Mittelwert für 35 betrachtete Kerne beträgt dagegen 17,03 ± 1,50 MeV. Der Radiusparameter des Kerns r_0 ist ebenso krümmungsabhängig. Sein Wert sinkt aber mit der Kerngröße.
Es werden mathematische Zusammenhänge zwischen der Kondensationsenergie und der molaren Oberflächenenergie der Kerne und zwischen den Proportionalitätskoeffizienten der beiden ersten Glieder der *Bethe-Weizsäcker*schen Gleichung hergeleitet.

G. Krüger, W. Böhme, M. Thomae, G. Loos

Erfahrungen beim Einsatz von Röntgenfluoreszenzanalysatoren mit Radionuklidanregung zur Zinnbestimmung

Isotopenpraxis 19 (1983) H. 6, S. 198 bis 201
4 Abb., 3 Tab., 2 Lit.

Contents

Articles

I. Maass, J. Heyer, K. Wetzel, G. Weise

Fractionation of Sulphur Isotopes in the Chemical and Biochemical Oxidation Sulfide/Sulfate

Isotopenpraxis 19 (1983) No. 6, p. 185 to 192
3 Fig., 8 Tab., 19 Ref.

The variations of sulphur isotopes in the processes of chemical and biochemical oxidation of marcasite (FeS_2) to form sulfate were investigated in rest- and shake-cultures at 30 °C. The microbiological oxidation was carried out using a mixed culture of the genus of bacteria Thiobacillus. The results clearly show a considerably faster formation of sulfate in the biochemical oxidation in comparison with the chemical oxidation. Isotope analyses of the formed sulfates indicate no or only very small isotope fractionations depending on experimental conditions. The highest value of enrichment of ^{32}S in the sulfate formed is 1.7‰. Finally we come to the conclusion: in the chemical as well as in the biochemical weathering of sedimentary sulfides with oxidation of sulfide to form sulfate isotope effects don't play an important role. This statement is in good agreement with the results of other authors.

L. Jankowski

Cost-Benefit Aspects of Radioisotope Application in Industry (*in English*)

Isotopenpraxis 19 (1983) No. 6, p. 193 to 195
– Fig., – Tab., 13 Ref.

Technologies, methods and instruments of isotope technique as well as their use in national economy, in particular in industries, are the result of vast activities in the fields of research, designing and primary manufacture. The efficiency of the application of isotope technique, especially its economic efficiency, depends both on the extent, to which this technique is being introduced, and on the average economic effect per unit (instrument, method, or technology) applied in various branches of national economy. By comparison of the costs of investigations conducted in the field of isotope and radiation techniques, as well as of the total economic efficiency of isotope investigations was determined. The analysis of the structure and dynamics of the said efficiency coefficient as arrived at in the various countries over a long period was the main subject of the present work.

N. Gorski

The Condensation Energy of the Nucleon of a Nucleus and its Dependence upon the Radius of the Nucleus

Isotopenpraxis 19 (1983) No. 6, p. 196 to 198
– Fig., 2 Tab., 6 Ref.

The condensation energy of nucleon (b_v) depends on the radius of curvature of the nucleus. This energy increases according to the size of the nucleus, and for infinitively expanded nuclear matter its value is 28.71 MeV. However, the average value of the 35 nuclei considered in this work ist 17.03 ± 1.50 MeV. The equivalent uniform radius parameter of the nucleus (r_0) also depends on the curvature of the nucleus. Its value decreases according to the size of the nucleus. Mathematical equations between the condensation energy and the molar surface energy of the nuclei, and between the proportional coefficients of the first and seconds term of the *Bethe-Weizsäcker* equation were derived.

G. Krueger, W. Boehme, M. Thomae, G. Loos

Experiences with X-Ray Fluorescence Spectrometers Excited by Radioisotopes for the Determination of Tin

Isotopenpraxis 19 (1983) No. 6, p. 198 to 201
4 Fig., 3 Tab., 2 Ref.

Es wird die Röntgenfluoreszenzanalyse zur genauen und schnellen Zinngehaltsbestimmung in Erzen und Aufbereitungsprodukten beschrieben. Untersuchungen über Möglichkeiten zur Eichung der eingesetzten Geräte mit Hilfe der Polarographie und der Neutronenaktivierungsanalyse, wie Kontrollmessungen der Arbeitsstabilität zeigen, daß das Verfahren zur Betriebsanalyse im Bergbau und im Hüttenbetrieb geeignet ist. Ökonomische Betrachtungen weisen die Zweckmäßigkeit des Einsatzes nach.

H. C. Treutler, K. Freyer

Zur quantitativen Autoradiographie an Halbleiterbasismaterial (*in Englisch*)

Isotopenpraxis 19 (1983) H. 6, S. 202 bis 204
3 Abb., – Tab., 8 Lit.

Es werden Methoden zur quantitativen Bestimmung von halbleitertechnologisch interessanten Elementen und deren Verteilung in Silizium unter Nutzung autoradiographischer Techniken beschrieben. Die Konzentration von Phosphor und deren örtliche Verteilung wird mit Silberhalogenidfilmen bestimmt. Als Standards werden phosphordiffundierte Siliziumscheiben benutzt. Die Verteilung von Bor und seine örtliche Konzentration werden unter Nutzung der neutroneninduzierten Autoradiographie (NIAR) bestimmt. Dabei dienen borimplantierte oder -diffundierte Siliziumscheiben als Standards. Verschiedene Möglichkeiten der quantitativen Auswertung der Autoradiogramme werden betrachtet und verglichen.

Kurze Originalmitteilungen

M. Radwan, A. Przybylska, E. Mykowska

Flüssigkeitsszintillatoren zur Messung der Aktivität von mit radioaktiven Isotopen markierten Proben von Metall-Legierungen (*in Russisch*)

Isotopenpraxis 19 (1983) H. 6, S. 205 bis 206
1 Abb., 1 Tab., 3 Lit.

A. Curulli, G. Sleiter

Elektrophile heteroaromatische Substitutionen
VII. Mitt. Seitenketten-H-D-Isotopenaustausch an 3, 4, 5-Tri- und 1, 3, 4, 5-Tetrasubstituierten 2-Methylpyrrolen (*in Englisch*)

Isotopenpraxis 19 (1983) H. 6, S. 207 bis 208
1 Abb., 2 Tab., 3 Lit.

Aus der Praxis

R. Reinhardt, K. Jung, H. Faust

Erfahrungen mit dem Emissionsspektrometrischen ^{15}N-Analysator NOI-6

Isotopenpraxis 19 (1983) H. 6, S. 208 bis 210
– Abb., 3 Tab., 3 Lit.

Informationen

Isotopenpraxis 19 (1983) H. 6, S. 210 bis 214

Buchbesprechungen

Isotopenpraxis 19 (1983) H. 6, S. 215 bis 220

Rapid and precise determinations of tin contents in ores and metallurgical products by X-ray fluorescence analysis are descriped. The methods of polarography and neutron activation analysis are used for the calibration of the X-ray fluorescence spectrometer. This procedure is practicable for the routine analysis in ore mining and metallurgy.

H. C. Treutler, K. Freyer

On Quantitative Autoradiography of Semiconductor Basic Material (*in English*)

Isotopenpraxis 19 (1983) No. 6, p. 202 to 204
3 Fig., – Tab., 8 Ref.

It will be described methods of the quantitative evaluation of elements interesting in semiconductor technology and their distribution in silicon using autoradiographic techniques. The local concentration of the element phosphorus in dependence of theii local distribution is determined with silver halide films. As standard samples silicon disks phosphorus diffused are used.
The distribution of the element boron and their local concentration is determined on the way of neutron induced autoradiography (NIAR). In this technique boron implanted or diffused silicon disks are used as standard samples. Different possibilities of the quantitative evaluation of autoradiograms will be considered and compared.

Letters to the Editor

M. Radvan, A. Przybylska, E. Mykovska

Liquid Scintillators for the Measurement of the Activity of Metal-Alloy Samples Labelled with Radioactive Isotopes (*in Russian*)

Isotopenpraxis 19 (1983) No. 6, p. 205 to 206
1 Fig., 1 Tab., 3 Ref.

A. Curulli, G. Sleiter

Electrophilic Heteroaromatic Substitutions
VII. Side-Chain H-D Isotopic Exchange in 3.4.5-Tri- and 1.3.4.5-Tetrasubsituted 2-Methylpyrroles (*in English*)

Isotopenpraxis 19 (1983) No. 6, p. 207 to 208
1 Fig., 2 Tab., 3 Ref.

From Practice

R. Reinhardt, K. Jung, H. Faust

Experience Gained with the Emission-Spectrometric NOI-6 ^{15}N-Analyzer

Isotopenpraxis 19 (1983) No. 6, p. 208 to 210
– Fig., 3 Tab., 3 Ref.

Information

Isotopenpraxis 19 (1983) No. 6, p. 210 to 214

New Books

Isotopenpraxis 19 (1983) No. 6, p. 215 to 220

Isotopenpraxis 19 (1983) 6, S. 185–192

Fraktionierung der Schwefelisotope bei der chemischen und biochemischen Oxydation von Sulfid zu Sulfat

I. Maaß[1]), *J. Heyer*[2]), *K. Wetzel*[1]), *G. Weise*[1])

([1]) Zentralinstitut für Isotopen- und Strahlenforschung, AdW der DDR; [2]) Zentralinstitut für Mikrobiologie und Experimentelle Therapie, AdW der DDR)

Es wurde das Verhalten der Schwefelisotope bei der chemischen und biochemischen Oxydation von Markasit (FeS_2) zu Sulfat in Ruhe- und Schüttelkulturen bei 30 °C untersucht. Die mikrobiologische Oxydation erfolgte mit einer Mischkultur der Bakteriengattung Thiobacillus. Die Resultate zeigen, daß die Sulfatbildung bei der biochemischen Oxydation erheblich schneller verläuft als bei der chemischen Oxydation. Die Isotopenanalysen am gebildeten Sulfat lassen in Abhängigkeit vom Versuchsansatz keine oder eine nur geringfügige Isotopenfraktionierung erkennen. Die Anreicherung an ^{32}S im entstehenden Sulfat beträgt im Höchstfalle 1,9 ‰. Damit kann in Übereinstimmung mit Ergebnissen anderer Autoren geschlußfolgert werden, daß sowohl bei der chemischen als auch bei der biochemischen Verwitterung sedimentärer Sulfide unter Oxydation von Sulfid zu Sulfat Isotopieeffekte keine wesentliche Rolle spielen.

Keywords

biochemistry; isotope effects; isotope ratio; oxidation; reviews; sediments; sulfates; sulfides; sulphur 32; sulphur 34

Mikrobiologische Umwandlungen von Schwefelverbindungen führen zu einer mehr oder weniger starken Diskriminierung zwischen den stabilen Schwefelisotopen ^{32}S und ^{34}S.

Die in der Literatur zu findenden Angaben lassen erkennen, daß die durch desulfurizierende Mikroorganismen hervorgerufene bakterielle Reduktion von Sulfat zu Sulfid die größten Isotopenfraktionierungen des Schwefels hervorruft. Bei der Oxydation sedimentärer Sulfide sollen dagegen nach Ansicht der meisten Autoren keine oder nur geringfügige Veränderungen der Isotopenzusammensetzung auftreten. Das gleiche gilt für die Assimilation sulfatgebundenen Schwefels durch die Mikroorganismen. Ob und in welchem Ausmaß eine Fraktionierung tatsächlich stattfindet, wird von den physiologischen und ökologischen Verhältnissen bestimmt. So hängt der Isotopieeffekt bei der Sulfatreduktion von der Reaktionsgeschwindigkeit, von der Temperatur, von der Art der Bakterien und von der Art des angebotenen Substrats ab.

In einer früheren Arbeit hat einer der Autoren der vorliegenden Veröffentlichung [1] aus der säkularen Entwicklung der $\delta^{34}S$-Werte sedimentärer Sulfide und Sulfate eine Reihe von Argumenten dafür abgeleitet, daß nicht nur die Reduktion von Sulfaten, sondern auch die Oxydation von Sulfiden in der Natur mit einem beträchtlichen, das leichte Isotop ^{32}S bevorzugenden Isotopieeffekt verbunden ist. Es erschien uns aus folgenden Gründen notwendig, dieser Frage durch Modellexperimente im Laboratorium nachzugehen:

1. Es gibt physikalisch-chemische Argumente gegen die Annahme, daß die Oxydation sedimentärer Sulfide mit einem Isotopieeffekt einhergeht. Wenn, was nahe liegt, die Oxydation vollständig abläuft, kann sie keine Veränderung der Isotopenzusammensetzung bewirken, und selbst wenn die Reaktion unvollständig abläuft, kann nur dann ein Isotopieeffekt eintreten, wenn entweder ein merklicher Teil der dispersen Sulfide Teilchengrößen von unter 0,01 mm aufweist oder wenn das Sulfid im Verlauf der Oxydation (im Zuge sich periodisch ändernder Zusammensetzung der wäßrigen Phase) einer mehrfachen Auflösung und Wiederausfällung unterliegt.
2. Der geochemische Kreislauf des Schwefels und seiner Isotope enthält noch eine große Zahl offener Fragen. Dessen ungeachtet werden die ausgeprägten säkularen Schwankungen der Isotopenzusammensetzung des Schwefels in Evaporiten und sedimentären Sulfiden in vielfältiger Weise zur Klärung grundsätzlicher Fragen der Geschichte der Erde, wie der Entwicklung des Lebens, der Atmosphäre, des Klimas und der Ozeane herangezogen. Mit experimentellen Untersuchungen über Isotopieeffekte bei der Oxydation von Sulfiden soll ein Beitrag zur Klärung wenigstens einer der offenen Fragen geleistet werden.
3. Mit dem Nachweis, daß der Isotopieeffekt sehr klein bzw. unmeßbar klein ist, wäre zugleich der Beweis geführt, daß sedimentäre Sulfide ihre primäre Isotopenzusammensetzung auch über geologische Zeiten hin bewahren. Der experimentelle Nachweis des Gegenteils würde bedeuten, daß das Argument der schichtweisen Abtragung gegen das Auftreten von Isotopieeffekten im sedimentären Bereich gewisser Einschränkungen bedarf.

Über Größe und Richtung der bei der mikrobiellen Oxydation auftretenden Isotopenverschiebungen liegen nur wenige, in einigen Fällen widersprüchliche experimentelle Ergebnisse vor. Es existieren verschiedene Gruppen von Mikroorganismen, die an der Oxydation anorganischer Schwefelverbindungen beteiligt sind. Die Mehrzahl der Publikationen hat sich mit den chemolithoautotrophen Arten der Gattung Thiobacillus und mit verschiedenen Vertretern der anaeroben photoautotrophen Bakterien (Chromatiaceae, Chlorobiaceae) beschäftigt. Je nach Organismus können Sulfide, Schwefelwasserstoff, elementarer Schwefel oder Thiosulfat zu Sulfat oxydiert werden. Als Intermediärprodukt der Sulfidoxydation kommt bei den meisten Organis-

Anschriften: [1]) 7050 Leipzig, Permoserstr. 15; [2]) 6900 Jena, Beuthenbergstr. 11

men Schwefel vor, der intrazellulär als Reserveschwefel gespeichert (Chromatiaceae, farblose aerobe Schwefelbakterien) oder extrazellulär abgelagert (Chlorobiaceae, Thiobacillus) und bei Sulfidmangel zu Sulfat weiteroxydiert wird. Bei den Arten der Gattung Thiobacillus werden häufig verschiedene Polythionate als Intermediärprodukte gebildet. Es ist nicht hinreichend bekannt, in welchem Maße rein chemische Oxydationen und biologisch katalysierte Oxydationsprozesse im Verlauf der Oxydationskette ineinandergreifen. So laufen nach *Silverman* [2] bei der Pyritoxydation mit chemoautotrophen *Thiobacillus ferrooxidans* gleichzeitig zwei Mechanismen ab: der direkte Kontaktmechanismus zwischen Bakterien und Pyritteilchen und der indirekte Mechanismus, bei dem die Bakterien die Fe(II)-Ionen zu Fe(III)-Ionen und diese wiederum den Sulfidschwefel oxydieren. Bei Einsatz von *Thiobacillus thiooxidans* dagegen wird nur der direkte Kontaktmechanismus wirksam. *Sorokin* [3] kam nach seinen Untersuchungen über den Mechanismus der Schwefelwasserstoffoxydation im Schwarzen Meer mit Hilfe von ^{35}S zu der Ansicht, daß die aktive Rolle der Thiobakterien hauptsächlich auf der nachträglichen Oxydation des sich anfangs durch chemische Oxydation bildenden Thiosulfats beruht.

Hinweise über Isotopenfraktionierungen bei der mikrobiellen Oxydation von Sulfiden sind nur selten zu finden. Bei den meisten Modelluntersuchungen wurde H_2S als zu oxydierendes Substrat eingesetzt. Thiobacillus-Arten riefen bei der Oxydation von H_2S sowohl im gebildeten elementaren Schwefel als auch im Sulfat ^{32}S-Anreicherungen hervor [4 – 9]. Beim elementaren Schwefel lagen sie zwischen 1 und 6‰, beim Sulfat wurden Werte bis zu 10‰ festgestellt. Eine Anreicherung von 18‰ wiesen *Kaplan* und *Rittenberg* [10] in einem einzigen Versuch nach. Eine mit Thiobacillus-Mischkultur durchgeführte Pyritoxydation erbrachte nur eine Zunahme an ^{32}S im Sulfat von 1,5‰ [11]. Schwefelwasserstoffoxydationen durch photoautotrophe Bakterien ergaben entweder keine oder nur geringfügige Isotopenverschiebungen am gebildeten elementaren Schwefel, das Sulfat dagegen war im Gegensatz zu den Oxydationen mit Thiobacillus-Arten bis zu 5‰ an ^{34}S angereichert [6, 12 – 14]. Es zeichnet sich deutlich ab, daß die mit photoautotrophen Bakterien durchgeführten Versuche in der Regel eine Anreicherung an ^{34}S, die chemoautotrophen Bakterien eine Anreicherung an ^{32}S im Oxydationsprodukt Sulfat hervorrufen.

Diese in unterschiedlicher Richtung verlaufenden Isotopenfraktionierungen können begründet sein in der unterschiedlichen stoffwechselphysiologischen Funktion der Schwefelverbindungen bei diesen Organismengruppen. Bei den photoautotrophen Organismen werden den Schwefelverbindungen Elektronen für die Bildung von reduziertem Nikotinsäure-Adenin-Dinukleotid (NADH) entzogen, das für die Reduktion der Kohlensäure notwendig ist. Bei den chemolithoautotrophen Organismen steht die Gewinnung chemischer Energie (in Form von ATP – Adenosintriphosphat) durch die Katalyse der Oxydation der Schwefelverbindungen in der Zelle mit dem Luftsauerstoff im Vordergrund.

Im Zusammenhang mit der Interpretation natürlicher Isotopenvariationen von Sulfaten und Sulfiden gibt es nur wenige Hinweise auf die Größe von Isotopenfraktionierungen durch mikrobielle Oxydationsreaktionen. *Perry* u. a. [15] sprechen von der Möglichkeit, daß der geringe Unterschied in der isotopischen Zusammensetzung von etwa 3‰ zwischen Baryten (^{34}S angereichert) und Sulfiden des gleichen stratigraphischen Horizonts der Swaziland-Folge (mehr als 300 Millionen Jahre alte Schwerspate) auf eine Oxydation von vulkanisch entstandenem H_2S zu Sulfat durch photoautotrophe Bakterien zurückzuführen ist. Untersuchungen von *Ivanov* u. a. [13] am Schwefelwasserstoffsee Mogil'naje zeigten an Stellen mit massenweiser Entwicklung von photoautotrophen Bakterien ebenfalls ein isotopisches Leichterwerden des H_2S bis zu 5‰. Diese Abreicherungen an ^{34}S im H_2S stehen im Einklang mit Ergebnissen oben zitierter experimenteller Untersuchungen, die in der Regel im Oxydationsprodukt eine Anreicherung von ^{34}S gleicher Größe zeigten.

Nissenbaum u. *Rafter* [16] schließen nicht aus, daß der in den mesozoischen und paläozoischen Gesteinen Israels gefundene Gips und Jarosit durch mikrobielle Oxydation aus Pyritkonkretionen entstanden ist, woraus eine Abreicherung an ^{34}S im Sulfat resultiert.

Das Ziel der hier dargelegten Untersuchungen war es, zu neuen Aussagen über das Verhalten der Schwefelisotope bei der mikrobiellen Sulfidoxydation zu gelangen. Rückschlüsse aus diesen Versuchen auf die in der Natur ablaufenden Prozesse sollten vor allem dann möglich sein, wenn die Versuchsbedingungen den natürlichen Bedingungen nahekommen. Daher wurde Markasit (FeS_2) als natürlich vorkommendes, rasch verwitterndes Sulfidmineral verwendet. An der Oxydation sulfidischer Erze sind in der Natur vor allem Arten der Bakteriengattung Thiobacillus beteiligt. Aus diesem Grunde wurden die Versuche mit einer Mischpopulation dieser Organismen durchgeführt.

Experimenteller Teil

Probennahme

Der eingesetzte „Markasit" entstammte den Tagebauen des Braunkohlenkombinats Geiseltal. Die Markasitkonkretionen waren von Pyrit durchsetzt. Nach röntgenographischer Untersuchung bestand das FeS_2 bis zu 65% aus Markasit.

Probenvorbereitung

Die am „Markasit" an der Oberfläche schon vorhandenen Sulfatkrusten wurden mechanisch beseitigt, der „Markasit" aufgemahlen (Korngröße zwischen 63 und 100 µm), homogenisiert und zur Reinheitsprüfung einer Eisen-, Schwefel- und Sulfatbestimmung unterworfen. Er enthielt 88% der theoretischen S-Menge. Zur Beseitigung des im Markasit enthaltenen Sulfats wurde dieser mit Aqua dest. gewaschen und im Vakuum getrocknet.

Gewinnung der Bakterienkulturen

Die Thiobacillus-Mischpopulation wurde durch Anreicherungskultur in einem mineralischen Medium (KH_2PO_4 2,0 g; NaCl 1,0 g; NH_4Cl 0,1 g; $MgCl_2 \cdot 6\,H_2O$ 0,1 g; $CaCl_2 \cdot 2\,H_2O$ 0,02 g; Aqua dest. 1 l; *p*H-Wert 5,0) mit Markasit (1 g/100 ml Medium) als oxydierbarer Schwefelverbindung unter Schüttelkulturbedingungen bei 30 °C gewonnen. Als Impfmaterial dienten dabei Wasser-, Kohle- und verwitterte Markasitproben aus demselben Tagebau, aus dem die Markasitkonkretionen (s. o.) entnommen wurden. Unter diesen selektiven Bedingungen entwickelte sich eine Mischkultur verschiedener Mikroorganismen, in der verschiedene Thiobacillus-Arten (*Thiobacillus-ferrooxydans, Th. thiooxydans*) dominierten.

Zur Beimpfung der Versuchsansätze wurde das Zellmaterial der Anreicherungskultur durch Zentrifugation abgetrennt und mit sulfatfreier Nährlösung gewaschen. 2 ml einer konzentrierten Zellsuspension dienten zur Beimpfung von je 100 ml Nährlösung der Versuchsansätze.

Versuchsansätze

In der Natur findet bei den Verwitterungsprozessen mit der durch Mikroorganismen katalysierten Oxydation der Sulfide stets gleichzeitig eine chemische Oxydation statt. Auch unter Laborbedingungen ist eine getrennte Betrachtung der durch Mikroorganismen bewirkten Oxydation nicht möglich. Dagegen kann man die chemische Oxydation isoliert untersuchen, wenn man durch eine sterile Versuchsführung die Wirkung der Mikroorganismen ausschaltet. Von 3 Versuchsreihen diente die erste dazu, die optimalen Bedingungen für die chemische Oxydation zu ermitteln.

Versuchsreihe 1

Ansatz 1: 10 g Markasit (trocken), 300-ml-Erlenmeyer mit Wattestopfen, Ruhekultur

Ansatz 2: 10 g Markasit + 3 ml Veronalpuffer (durchfeuchtet), 300-ml-Erlenmeyer mit Wattestopfen, Ruhekultur

Ansatz 3: 10 g Markasit + 50 ml Veronalpuffer (überschichtet), 300-ml-Erlenmeyer mit Wattestopfen, Ruhekultur

Ansatz 4: 10 g Markasit + 50 ml Veronalpuffer, 500-ml-Standkolben mit Wattestopfen, Schüttelkultur

Ansatz 5: 10 g Markasit + 50 ml Veronalpuffer, 500-ml-Standkolben mit Schliffstopfen, O_2-Atmosphäre (die O_2-Begasung wurde nach 1, 2, 3 und 7 Wochen wiederholt), Schüttelkultur

Durch die Verwendung von Veronalpuffer (60% 0,1 N Natriumdiäthylbarbitursäure + 40% N/10 Salzsäure, $pH = 7{,}5$) statt Wasser sollte ein rascher pH-Abfall, der zu verstärkter H_2S-Bildung führen würde, verhindert werden. Alle Ansätze wurden nach der Präparation 35 min bei 120 °C im Autoklaven sterilisiert. Die Inkubationstemperatur betrug 30 °C.

Für jeden Versuchsansatz wurden 4 parallele Kolben präpariert, die zur Erfassung des zeitlichen Ablaufs der Markasitoxydation einzeln nach verschiedenen Zeiten zur Gewinnung des Sulfats für die Isotopenanalyse und zur quantitativen Sulfatbestimmung aufbereitet wurden. Dazu mußte zunächst bei den Ansätzen 3 bis 5 der durch Verdunstung entstandene Wasserverlust mit Aqua dest. ausgeglichen werden. Zu den Kolben von Ansatz 1 wurden vor der Aufbereitung 50 ml und zu denen vom Ansatz 2 wurden 47 ml Aqua dest. hinzugegeben und zur Lösung des gebildeten Sulfats 30 min geschüttelt. Anschließend erfolgte bei allen Ansätzen durch Zentrifugation und Filtration die Abtrennung des Markasitpulvers von der sulfathaltigen Flüssigkeit. Von dieser wurden 5 ml für eine Sulfatbestimmung verwendet und der Rest bis zur Fällung des gebildeten Sulfats für die Isotopenanalyse eingefroren.

Versuchsreihe 2 und 3. Bei den Ansätzen mit Mikroorganismen ist das Ergebnis der Markasitoxydation die Summe von chemischer und mikrobiologischer Oxydation. Daher wurde in 2 parallelen Versuchsreihen unter gleichen äußeren Bedingungen die Markasitoxydation in Ansätzen, die mit einer Thiobacillus-Mischkultur beimpft worden waren (Versuchsreihe 3: mikrobiologische + chemische Oxydation), und in unbeimpften (sterilen) Ansätzen (Versuchsreihe 2: chemische Oxydation) über einen Zeitraum von 48 Tagen verfolgt.

Für beide Versuchsreihen wurden die gleichen Ansätze vorbereitet: 500-ml-Standkolben, 100 ml Mineralnährlösung (s. o.), 3 g Markasit, Sterilisation 35 min bei 120 °C im Autoklaven. Versuchsbedingungen: Temperatur 30 °C, Schüttelkultur.

Nach 2, 4, 6, 7, 14, 21, 35 und 48 Tagen wurden von beiden Versuchsreihen 2 bis 3 parallele Kolben in gleicher Weise, wie für die Ansätze 4 und 5 der ersten Versuchsreihe beschrieben, aufgearbeitet. Außerdem wurde der pH-Wert gemessen, die Sterilität der unbeimpften Ansätze mikroskopisch kontrolliert und die Bakterienentwicklung in den beimpften Ansätzen mikroskopisch beurteilt.

Sulfatbestimmung. Die Sulfatkonzentration in den Ansätzen wurde nach vorheriger Entfernung der störenden mehrwertigen Kationen und der Phosphationen durch Titration mit 0,005 N Bariumperchloratlösung in 80%igem Äthanol bei pH 2,5 – 4,0 mit Thorin als Indikator bestimmt.

Aufbereitung der Versuchsproben zur massenspektrometrischen Isotopenanalyse. Für die Bestimmung der isotopischen Zusammensetzung des Schwefels war es notwendig, das in Lösung befindliche Sulfat als Bariumsulfat ($BaSO_4$) zu fällen, dieses zu Bariumsulfid (BaS) zu reduzieren, zu Silbersulfid (Ag_2S) weiterzuverarbeiten und daraus das für die massenspektrometrische Isotopenanalyse notwendige Schwefeldioxid (SO_2) herzustellen. Die Isotopenanalysen wurden im Isotopenlaboratorium der Sektion Geowissenschaften der Bergakademie Freiberg durchgeführt. Die Reproduzierbarkeit der Isotopenmessungen lag bei $\pm 0{,}3‰$. Die gemessenen Isotopenhäufigkeiten, in $\delta^{34}S$-Werten ausgedrückt, beziehen sich auf den Troilitschwefel des Canyon Diablo Meteoriten als Standard: $\delta^{34}S\,[‰] = [(^{34}S/^{32}S)_{Probe}/(^{34}S/^{32}S)_{Standard} - 1] \times 1000$

Fällung des Sulfats als $BaSO_4$. Das Sulfat wurde nach vorheriger Beseitigung des Eisens durch Bariumchloridlösung als $BaSO_4$ gefällt, der Niederschlag getrocknet, geglüht und zur Sulfatmengenbestimmung ausgewogen.

Reduktion von $BaSO_4$ zu BaS und Überführung in Ag_2S. Die Reduktion des $BaSO_4$ zu BaS erfolgte in einem Keramikschiffchen bei 1050 °C durch Spektralkohlepulver unter reduzierender Atmosphäre. Die Reduktionszeit betrug nach Aufheizen des Ofens 30 min. Danach gab man das Schiffchen in ein Becherglas mit luftfreiem Wasser, wobei das BaS als $Ba(HS)_2$ in Lösung geht. Beim Absaugen der Flüssigkeit vom Rückstand ist in der Saugflasche die zur Fällung des Ag_2S notwendige Silbernitratlösung enthalten. Das Silbersulfid fällt als schwarzbrauner Niederschlag aus, wird abfiltriert, mit Aqua dest. gewaschen und bei 100 °C getrocknet.

Oxydation von Silbersulfid mit V_2O_5 zu SO_2. 100 mg Ag_2S werden mit V_2O_5 im Überschuß (~300 mg) in einer Achatreibschale innig vermischt, in ein Keramikschiffchen gefüllt und in ein Quarzrohr eingebracht, das in einen bis auf 1200 °C beheizbaren Ofen geschoben wird (Abb. 1). Mit in das Quarzrohr eingegeben wurde Cu-Draht, der, auf etwa 700 °C erhitzt, der Reduktion von SO_3 zu SO_2 dient. Über ein Vakuumsystem wird das Sulfid entgast und nach Erreichen eines Endvakuums von 0,1 Pa der Hahn 2 an der schlangenförmigen Kühlfalle geschlossen, die Kühlfalle mit flüssigem Stickstoff gekühlt, der Verbrennungsofen auf 1100 °C aufgeheizt und 30 min bei dieser Temperatur gehalten. Das entstehende SO_2 friert in der Kühlfalle aus.

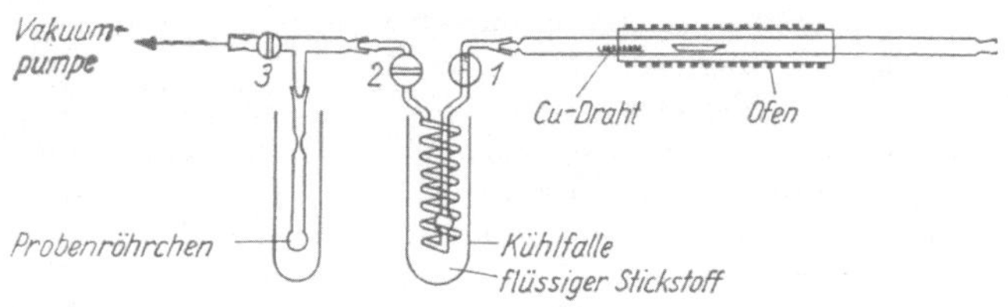

Abb. 1. Apparatur zur Darstellung von SO_2

Danach wird Hahn 2 geöffnet und die Probensubstanz unter fortlaufendem Evakuieren weiterhin 30 min erhitzt. Nach Schließen der Hähne 1 und 3 wird das in der Kühlfalle eingefrorene SO_2 durch Umfrieren in die Probenröhrchen überführt.

Bei der Oxydation des Sulfids zu SO_2 entsteht stets etwas SO_3; jedoch nimmt die Menge an SO_3 mit ansteigender Temperatur schnell ab und liegt bei 1200 °C unter 5% [17]. Die Entstehung von SO_3 bewirkt eine Abreicherung von ^{34}S im SO_2. Die Austauschkonstante für die Reaktion $^{34}SO_2 + {}^{32}SO_3 \rightleftharpoons {}^{32}SO_2 + {}^{34}SO_3$ liegt für 25 °C bei 1,037, für 900 °C bei 1,003 und für 1500 °C bei 1,001. So liegen bei der Temperatur von 1100 °C noch etwa 5% SO_3 vor und damit theoretisch eine Abreicherung von ^{34}S im SO_2 zwischen 1 und 3‰. Höhere Temperaturen konnten wegen des dadurch bedingten zu schnellen Verschleißes der Quarzrohre nicht angewandt werden. Um auch noch diese 5% SO_3 weitestgehend zu SO_2 umzusetzen, wurde, wie schon erwähnt, Cu-Draht zur Reduktion des SO_3 zu SO_2 mit in das Quarzrohr eingegeben. Die massenspektrometrischen Gasanalysen (Tab. 4) zeigten, daß danach die SO_3-Gehalte unter 1% lagen und damit ihr Einfluß auf die Isotopenanalyse vernachlässigt werden konnte. Bei der Oxydation des Ag_2S zu SO_2 kann als Zwischenverbindung Silbersulfat auftreten, das sich aber bereits unterhalb 1000 °C thermisch zersetzt, so daß auch hierdurch keine nachweisbaren Isotopenverschiebungen hervorgerufen werden.

Überprüfung der probenchemischen Verfahren auf Fehlerquellen bei der Isotopenanalyse

Vor der Durchführung der Isotopenanalysen war es zunächst notwendig, den probenchemischen Verfahrensweg auf Fehlerquellen zu untersuchen, die zu einer Verfälschung der Isotopenwerte führen konnten. Zunächst war zu fragen, inwieweit bei den angewandten Verfahren eine quantitative Umsetzung Voraussetzung war. Als Testlösung diente eine

Tab. 1. Überprüfung der Fällungen und Umsetzungen bis zum Ag_2S auf Fehlerquellen (Testsubstanz: Natriumsulfatlösung)

	Ausbeute Sulfatfällung %	Ausbeute Umsetzung zu Ag_2S %	$\delta^{34}S$ ‰
Fällung von Sulfat	100	90	+7,6
als $BaSO_4$ aus	95	85	+7,8
Na_2SO_4-Lsg.	82	81	+7,5
	68	82	+7,0
Direkte Umsetzung		90	+7,5
von $NaSO_4$ zu Ag_2S		80	+7,9
		65	+6,8

Die Streuung von ±0,3‰ dieser Meßserie liegt im Bereich des Meßfehlers

Tab. 2. Überprüfung der Fällungen und Umsetzungen bis zum Ag_2S auf Fehlerquellen (Testsubstanz: Versuchsproben)

Probe	Ausbeute Sulfatfällung %	Ausbeute Umsetzung zu Ag_2S %	$\delta^{34}S$ ‰
4a	101	83	−31,6
	95	80	−31,7
	91	76	−31,5
	65	75	−32,1
4b	95	90	−30,2
	91	80	−30,0
	90	65	−30,7

Die Streuung von ±0,3‰ dieser Meßserie liegt im Bereich des Meßfehlers

Tab. 3. Überprüfung der Oxydation von Sulfid zu SO_2 auf Fehlerquellen (Testsubstanz: Ag_2S und Markasit)

Probe	$\delta^{34}S$, ‰	
Ag_2S	+15,1	
Ag_2S	+15,8	$\overline{X}$ = (15,5 ± 0,3) ‰
Ag_2S	+15,6	Vergleichswert Freiberg
Ag_2S	+15,8	(+15,2 ± 0,3) ‰
Ag_2S	+15,3	
Markasit	−29,9	$\overline{X}$(−30,3 ± 0,3) ‰
Markasit	−30,5	Vergleichswert Freiberg
Markasit	−30,4	(−30,0 ± 0,3) ‰

Tab. 4. Ergebnisse der massenspektrometrischen Gas- und Isotopenanalysen

Probe	SO_3-Gehalt %	CO_2-Gehalt %	$\delta^{34}S$ ± 0 3‰
Markasit	0,8	1,8	−30,5
	0,8	2,1	−30,4
	0,7	3,1	−29,8
	0,7	10,0	−29,9
Ag_2S aus handels-	0,6	3,8	+8,6
üblichem $BaSO_4$	0,6	7,8	+8,6
Ag_2S (Versuchs-	0,5	6,7	−29,8
probe 5a)	0,7	9,0	−29,5
Ag_2S(Versuchs-	0,8	0,7	−31,3
probe 23)	0,8	3,1	−31,8
Ag_2S (Freiberger	0,6	3,0	+15,6
Standard)	0,7	7,7	+16,3
	0,8	10,0	+15,1
	0,8	11,0	+15,8

Natriumsulfatlösung. Die damit durchgeführten Fällungen und Umsetzungen bis zum BaS erfolgten mit unterschiedlichen Ausbeuten. Es deutete sich an, daß bei einer Ausbeute unterhalb 70% sowohl bei der Sulfatfällung als auch bei der Umsetzung zu Ag_2S Abweichungen zu negativeren $\delta^{34}S$-Werten auftraten (Tab. 1). Dies würde der zu erwartenden Richtung beim Auftreten eines kinetischen Isotopieeffekts entsprechen. Parallelfällungen und -umsetzungen von Versuchsproben zeigten die gleiche Tendenz (Tab. 2). Daher wurde bei der Bearbeitung der Versuchsproben eine 90%ige Reaktion angestrebt.

Die Oxydation von Sulfid mit V_2O_5 zu SO_2 wurde am Freiberger Arbeitsstandard (Ag_2S, $\delta^{34}S = 15{,}2 \pm 0{,}3‰$) und am für die Versuche eingesetzten Markasit überprüft. Die Resultate dieser Tests sind in Tab. 3 dargestellt und zeigen gute Übereinstimmung.

Die massenspektrometrischen Gasanalysen wiesen neben SO_2 Spuren von SO_3 und in wechselnden Mengen CO_2 auf. Wie Tab. 4 zu entnehmen ist, riefen die bis zu 10% in den Meßgasen vorhandenen CO_2-Mengen keine ersichtliche Veränderung in der isotopischen Zusammensetzung hervor. Deshalb wurde bei der Bearbeitung der Versuchsproben auf die zeitraubende Trennung des CO_2 von SO_2 durch fraktioniertes Abpumpen bei $-$ 110 °C verzichtet.

Ergebnisse und Diskussion

Sulfatbildung bei der chemischen Oxydation von Markasit

In der 1. Versuchsreihe wurde die Sulfatbildung durch chemische Oxydation von Markasit unter verschiedenen Bedingungen untersucht (Tab. 5). Nach 231 Tagen hatten sich in den Ruhekulturansätzen (Versuchsserie 1, 2, 3) zwischen 149 und 184 mg SO_4^{--} pro g Markasit gebildet, während in den Schüttelkulturen (Versuchsserie 4 und 5) bereits nach 175 Tagen 672 bzw. 739 mg SO_4^{--} pro g Markasit nachgewiesen werden konnten. Diese Sulfatmengen entsprechen bei den Ruhekulturen einem Umsatz von 10–13% und bei den Schüttelkulturen von 48–52%. Die wesentlich höhere Oxydationsrate unter Schüttelkulturbedingungen kann durch die optimale Sauerstoffzufuhr in diesen Ansätzen erklärt werden. Das Schütteln ermöglicht einen guten Kontakt zwischen den Markasitpartikeln und dem Luftsauerstoff. Darüber hinaus wird die Bildung von Sulfatkrusten an der Oberfläche der Markasitpartikel, die den weiteren Fortgang der Oxydation hemmen, in der Schüttelkultur verhindert. Die geringste Sulfatbildung zeigten jene Ruhekulturansätze, in denen der Markasit mit

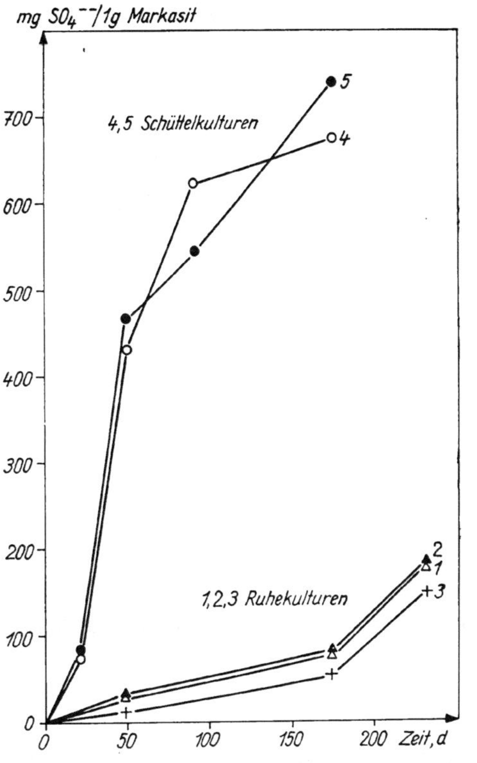

Abb. 2. Chemische Oxydation von Markasit zu Sulfat

Tab. 5. Chemische Oxydationsversuche (Versuchsreihe 1)

Versuchs-serie	Versuchsansatz	Zeit d	mg SO_4 auf 1 g Markasit	Umsatzrate, % der theor. Menge	$\delta^{34}S$ ‰
1	Markasit trocken	49	31,4	2,2	–
		49	32,5	2,3	–31,0
		175	77,0	5,5	–27,2
		231	179,5	12,5	–29,6
2	Markasit mit Pufferlsg.	49	29,2	2,1	–32,8
	durchfeuchtet	49	31,8	2,2	–
	Ruhekultur	175	82,2	5,8	–31,5
		231	184,4	12,8	–31,3
3	Markasit mit Pufferlösung	49	14,6	1,0	–31,7
	überschichtet	49	14,5	1,0	–
	Ruhekultur	175	53,3	3,8	–32,1
		231	148,8	10,4	–31,4
4	Markasit mit Pufferlösung	21	73,0	5,2	–
	überschichtet,	49	429,6	30,4	–32,3
	geschüttelt	91	624,0	44,1	–31,0
		175	672,0	47,6	–31,3
5	Markasit mit Pufferlösung	21	82,6	5,9	–
	überschichtet, mit O_2 gesättigt,	49	466,0	32,9	–30,6
	geschüttelt	91	542,0	38,3	–30,9
		175	739,0	52,4	–30,5

Ausgangswert des eingesetzten Markasits ($-30{,}0 \pm 0{,}3$) ‰

Tab. 6. Chemische Oxydationsversuche (Versuchsreihe 2)

Versuchsansatz	Zeit d	*p*H-Wert	mg SO_4 auf 1 g Markasit	Umsatzrate, % der theor. Menge	$\delta^{34}S_{SO_4}$ ‰	$\delta^{34}S$ Mittelwert
100 ml Mineral-nährlösung + 3 g Markasit	0	3,1	3,7	0,3	–	–
	2	2,0	50,4	3,5	–30,4	
	4	1,80	87,7	6,2	–30,6	
	6	1,80	132,8	9,3	–31,0	
	7	1,80	140,8	9,9	–30,2	
		1,80	145,1	10,2	–30,5	–30,2
		1,80	147,7	10,4	–29,8	
	14	1,60	150,4	10,6	–30,6	
	21	1,55	360,0	25,3	–29,6	
		1,55	362,0	25,4	–30,6	–30,1
		1,55	352,0	24,7	–32,2	
	35	1,50	488,0	34,3	–30,4	
		1,50	492,0	34,6	–30,4	–30,4
		1,50	488,0	34,3	–30,5	
	48	1,45	560,0	39,3	–30,4	
		1,45	560,0	39,3	–30,6	–30,6
		1,45	560,0	39,3	–30,7	

Ausgangswert des eingesetzten Markasits (–30,0 ± 0,3) ‰

Tab. 7. Biochemische Oxydationsversuche (Versuchsreihe 3)

Versuchsansatz	Zeit d	*p*H-Wert	mg SO_4 auf 1 g Markasit	Umsatzrate, % der theor. Menge	$\delta^{34}S_{SO_4}$ ‰	$\delta^{34}S$ Mittelwert
100 ml Mineral-nährlösung + 3 g Markasit beimpft mit einer Thiobacillus-Mischung	2	1,85	69,6	4,9	–29,5	–29,8
		1,85	71,7	5,0	–30,0	
	4	1,45	218,4	15,3	–29,3	
		1,45	219,2	15,4	–29,8	–29,5
		1,45	229,0	16,1	–29,4	
	6	1,35	336,0	23,6	–30,6	
		1,35	338,0	23,7	–30,0	–30,1
		1,40	320,0	22,5	–29,8	
	7	1,45	388,0	27,2	–30,6	–29,9
		1,45	378,0	26,5	–29,1	
	14	1,20	636,0	44,7	–29,8	
		1,20	702,0	49,3	–30,0	–30,0
		1,20	740,0	52,0	–30,3	
	21	1,10	755,0	53,0	–29,8	–29,9
		1,10	745,0	52,3	–30,0	
	35	1,0	1000,0	70,2	–30,1	–30,3
		1,0	990,0	69,5	–30,5	
	48	0,9	1060,0	74,4	–30,2	–30,4
		0,9	1060,0	74,4	–30,6	

Ausgangswert des eingesetzten Markasits (–30,0 ± 0,3) ‰

Pufferlösung überschichtet war. Die ruhende Flüssigkeit bildet offenbar eine zusätzliche Barriere für den Sauerstoffzutritt, da der Sauerstoff erst durch die Pufferlösung hindurch diffundieren muß, um zum Reaktionsort zu gelangen. Die höchste Sulfatbildung dagegen wurde in den Schüttelkulturansätzen mit Sauerstoffatmosphäre erreicht. Die Sulfatmenge war in diesen Ansätzen nach 175 Tagen 10mal größer als in den Ruhekulturansätzen. Betrachtet man den zeitlichen Verlauf der Sulfatbildung, so zeigt sich, daß dieser Prozeß nicht linear über den gesamten Zeitraum verläuft (Abb. 2). Zu Versuchsbeginn ist die Sulfatbildungsrate gering, sie nimmt allmählich zu, erreicht ein Maximum und wird dann wieder geringer. In den Ruhekulturen ist nur die erste Phase ausgeprägt.

Die chemische Oxydation des Markasits bei 30 °C unter Schüttelkulturbedingungen wurde außerdem in der 2. Versuchsreihe bestimmt (Tab. 6). Hier ist jeder Kurvenpunkt durch die Ergebnisse von 3 Parallelansätzen bei guter Übereinstimmung abgesichert. Ein direkter Vergleich mit der ersten Versuchsreihe ist jedoch nicht möglich, da die Versuchsbedingungen unterschiedlich waren (Markasitmenge 10 g/50 ml 1. Versuchsreihe; 3 g/100 ml 2. Versuchsreihe; Medium: Veronalpuffer bzw. Mineralmedium, anfangs *p*H-Wert: 7,5 bzw. 3,1). Die Sulfatbildungsrate ist hier am Anfang am höchsten und nimmt mit zunehmender Versuchsdauer allmählich ab (Abb. 3).

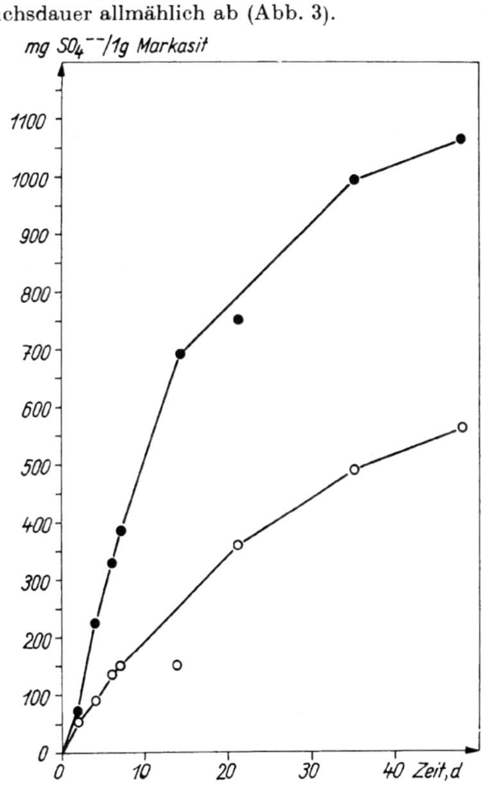

Abb. 3. Chemische und biochemische Oxydation von Markasit zu Sulfat
○ – chemische Oxydation; ● – biochemische Oxydation

Sulfatbildung bei der mikrobiellen Oxydation von Markasit

In den mit der Thiobacillus-Mischkultur beimpften Ansätzen (Versuchsreihe 3, Tab. 7) hatten sich während der gesamten Versuchsdauer höhere Sulfatmengen als in den vergleichbaren sterilen Ansätzen gebildet (Abb. 3). Nach 14 Tagen waren etwa 48% des gesamten Schwefels im Markasit zu Sulfat umgesetzt (gegenüber 11% bei der chemischen Oxydation), und nach 48 Tagen waren in den beimpften Ansätzen 74% des Schwefels zu Sulfat oxydiert (gegenüber 39% in den sterilen Ansätzen). Geht man davon aus, daß die chemische Oxydation in den mit Thiobacillus beimpften Ansätzen den gleichen Verlauf wie in den Sterilansätzen nimmt, dann beträgt der Anteil der mikrobiell katalysierten Markasitoxydation am Gesamtprozeß (chemische und mikrobiologische Oxydation) schon ab 4. Tag nach Versuchsbeginn mehr als 50% und wird erst gegen Versuchsende (48 Tage) etwas geringer (47%). Daraus geht die Bedeutung der Mikroorganismen für die Oxydationsprozesse klar hervor. *Kusnetsov* u. a. [18] wiesen bei Untersuchungen zur Sulfidoxydation mit heterotrophen Organismen 60% durch chemische Oxydation, 40% durch biochemische Oxydation nach. Die Rate der mikrobiellen Sulfatbildung unterliegt im Verlaufe der Versuchsdauer ebenfalls Veränderungen. In den ersten 4 Tagen kommt es zu einer Zunahme der Sulfatbildungsrate, offenbar bedingt durch die Vermehrung der Bakterien und die Zunahme ihrer Aktivität. Danach nimmt die Sulfatbildungsrate allmählich wieder ab.

Das Verhalten der Schwefelisotope bei der chemischen und mikrobiellen Oxydation von Pyrit enthaltendem Markasit

Die bei der chemischen und mikrobiellen Oxydation ermittelten δ^{34}S-Werte sind den Tab. 5 bis 7 zu entnehmen. In der 1. Versuchsreihe (Tab. 5) wurde die Sulfatbildung bei der chemischen Oxydation des Markasits in Abhängigkeit von verschiedenen Versuchsbedingungen untersucht. Sie diente dazu, die optimalen Bedingungen für die chemische Oxydation zu ermitteln. Die Ergebnisse der Versuchsreihen 2 und 3 (Tab. 6 u. 7) ermöglichen einen Vergleich der chemischen (sterile Versuchsansätze) mit der mikrobiologischen Oxydation (Versuchsansätze mit Thiobacillus-Mischkultur beimpft), wobei bei den Ansätzen der Versuchsreihe 3 neben der mikrobiologischen auch gleichzeitig eine chemische Oxydation stattgefunden hat, die beide, wie oben beschrieben, mit unterschiedlicher Geschwindigkeit ablaufen. Die δ^{34}S-Werte des bei der Oxydation von Markasit gebildeten Sulfats zeigen, daß sich für alle durchgeführten Versuche die Abweichung vom δ^{34}S-Wert des eingesetzten Markasits ($-30{,}0 \pm 0{,}3‰$) innerhalb von $\pm 3{,}0‰$ bewegt und damit gering ist. Im folgenden wird untersucht, inwieweit sich aus den experimentellen Werten eine Aussage über die ^{32}S/^{34}S-Fraktionierung sowohl bei der chemischen als auch bei der mikrobiellen Oxydation des eingesetzten Markasits ableiten läßt. Verläuft die Abspaltung des Sulfatschwefels aus dem Markasit mit einem deutlichen Isotopieeffekt, so muß sich die ^{32}S/^{34}S-Zusammensetzung im verbleibenden Markasit allmählich verschieben, was zu einer Veränderung des δ^{34}S-Wertes im gebildeten Sulfat in Abhängigkeit von der Umsatzrate r führen sollte. Es wurden deshalb sowohl für die Versuche zur chemischen Oxydation als auch zur mikrobiellen Oxydation lineare Regressionsbeziehungen zwischen $\delta^{34}S_{SO_4}$ und der Umsatzrate berechnet. Der entsprechende statistische Test ergab, daß bei vorgegebener Irrtumswahrscheinlichkeit $\alpha \leq 15\%$ in keinem Fall signifikante Abweichungen des Regressionskoeffizienten vom Wert Null nachweisbar waren. Somit zeigen die im Sulfat festgestellten δ^{34}S-Werte für die einzelnen Versuchsserien bzw. -reihen keine statistisch gesicherte Abhängigkeit von der Umsatzrate. Es erscheint daher gerechtfertigt, alle $\delta^{34}S_{SO_4}$-Werte einer Versuchsserie bzw. -reihe ohne Berücksichtigung der jeweils erzielten Umsatzrate zu einem Wertekollektiv zusammenzufassen und den Mittelwert dieses Kollektivs mit

Tab. 8. Experimentell ermittelte Isotopieeffekte

Versuchsserie	Versuchsreihe 1 Chemische Oxydation					Versuchsreihe 2 Chemische Oxydation	Versuchsreihe 3 Biochemische Oxydation (nur Versuche mit $r \leqq 20\%$)
	1	2	3	4	5		
$\overline{\delta^{34}S_{SO_4}} - \delta^{34}S_{Markasit}$ in ‰	+0,7	−1,9	−1,7	−1,5	−0,6	−0,5	+0,4

dem δ^{34}S-Wert der Ausgangssubstanz Markasit zu vergleichen. In Tab. 8 sind die erhaltenen Differenzen $\overline{\delta^{34}S_{SO_4}} - \delta^{34}S_{Markasit}$, die als Maß für den Isotopieeffekt gelten, zusammengestellt. Der statistische Test mit Irrtumswahrscheinlichkeit $\alpha = 1\%$ auf Signifikanz der berechneten δ^{34}S-Differenzen wurde in allen Fällen mit Ausnahme der mikrobiellen Oxydation positiv beantwortet. Beschränkt man sich bei dieser Versuchsreihe jedoch auf die Versuche mit kleiner Umsatzrate ($r \leqq 20\%$), bei denen die Isotopenzusammensetzung des Markasit mit Sicherheit noch keine Veränderung erfahren haben kann, so wird auch dafür eine signifikante Abweichung des δ^{34}S-Wertes im gebildeten Sulfat vom δ^{34}S-Wert des Ausgangsmaterials bestätigt. Zu berücksichtigen ist noch, daß der Meßfehler von $\pm 0{,}3$‰ für die Isotopenwertbestimmung mindestens in gleicher Größe auch auf die erhaltenen Isotopieeffekte anzuwenden ist.

Die experimentell ermittelten Isotopieeffekte lassen erkennen, daß alle Versuchsserien der chemischen Oxydation in wäßrigen Medien eine ^{34}S-Verarmung im entstehenden Sulfat um weniger als 2‰ aufweisen. Die chemische Oxydation am trockenen Markasit dagegen zeigt eine geringe ^{34}S-Anreicherung im Reaktionsprodukt um weniger als 1‰. Für den mit relativ großer Geschwindigkeit ablaufenden Prozeß der mikrobiellen Oxydation muß die erhaltene Differenz der δ^{34}S-Werte von $(+0{,}4 \pm 0{,}3)$‰ als Hinweis auf das Nichtvorhandensein eines Isotopieeffekts gedeutet werden.

Die Größe der hier aufgezeigten Isotopenfraktionierung durch mikrobielle Oxydation steht in Übereinstimmung mit der von *Nakai* [11] bei der Oxydation an Pyrit gefundenen Isotopenveränderung. Dies könnte heißen, daß der von *Sliverman* [2] angenommene direkte Kontaktmechanismus zwischen Bakterien und Mineral keine Isotopenfraktionierung zuläßt. Verläuft die Oxydation jedoch über H_2S, bei der größere Isotopenverschiebungen gemessen wurden, wie die Literaturhinweise zeigen, so wird sich je nach Substrat und Umweltbedingungen eine unterschiedliche H_2S-Atmosphäre, d. h. eine unterschiedliche Substratmenge ausbilden, die für die Isotopenfraktionierung mitverantwortlich ist. Die Größe wird mit davon abhängen, ob ein geschlossenes oder ein offenes Reservoir vorliegt, denn bei vollständiger Umwandlung kann es zu keiner Verschiebung in der isotopischen Zusammensetzung kommen. Markasit und Pyrit weisen eine geringe Löslichkeit in wäßrigen Medien auf. Das würde bedeuten, daß nur geringe Mengen an H_2S in der Lösung vorliegen, die sofort durch die Mikroorganismen aufgebraucht werden. Damit ist erstens eine Einstellung des thermodynamischen Gleichgewichts zwischen H_2S und FeS_2 ausgeschlossen. Dieses Gleichgewicht: $Fe^{32}S_2 + H_2{}^{34}S \rightleftharpoons Fe^{32}S^{34}S + H_2{}^{32}S$ liegt bei Temperaturen unter 250 °C auf der rechten Seite [4] und würde bei 25 °C eine Anreicherung von ^{32}S im H_2S um etwa 4,2‰ [19] bewirken. Zweitens können zweifellos auftretende kinetische Isotopieeffekte bei schichtweiser Abtragung der Mineralpartikeln nicht wirksam werden.

Zusammenfassend kann gefolgert werden, daß sowohl die Oxydationsverwitterung als auch die mikrobielle Oxydation von Eisensulfid, dem häufigsten in der Natur vorkommenden Sulfid, ohne erhebliche Isotopenfraktionierungen verläuft. Mit hoher Wahrscheinlichkeit werden somit Oxydationsreaktionen auf die isotopische Zusammensetzung des Schwefels in seinen natürlichen Vorkommen keine Auswirkung haben. Dabei muß jedoch berücksichtigt werden, daß die Reaktionsgeschwindigkeit der Sulfidoxydation in den Laborversuchen (geringe Korngröße und damit große Oberfläche des Markasits, Schüttelkultur, Temperatur 30 °C, hohe Zelldichte der Mikroorganismen) wesentlich höher war, als sie in der Natur erreicht werden kann.

Herrn und Frau *Böckl*, Zentralinstitut f. Mikrobiologie und Experimentelle Therapie Jena, möchten wir herzlich danken für die Durchführung der Sulfatbestimmungen. Herrn Dr. *Pilot* und seinen Mitarbeitern, Isotopenlaboratorium der Sektion Geowissenschaften, Bergakademie Freiberg, gilt unser Dank für die Durchführung der massenspektrometrischen Isotopenanalysen.

Eingegangen am 12. 10. 1982

Literatur

[1] *K. Wetzel*, ZfI-Mitteilungen **30** (1980) 66
[2] *H. P. Silverman*, J. of Bacteriology **94** (1967) 1046
[3] *Ju. I. Sorokin*, Okeanologija **10** (1970) 51
[4] *W. A. Grinenko, L. N. Grinenko*, Geochemie der Isotope des Schwefels, Isdatjelstwo Nauka, Moskau 1974
[5] *I. R. Kaplan, T. A. Rafter*, Science **127** (1958) 517
[6] *I. R. Kaplan, T. A. Rafter, J. R. Hulston*, N.Z. J. Sci. **3** (1960) 338
[7] *N. Nakai, M. L. Jensen*, Geochim. Cosmochim. Acta **28** (1964) 1893
[8] *G. I. Karavaiko, Yu. M. Miller, O. A. Kapustin, T. A. Pivovarova*, Mikrobiologija **49** (1980) 849
[9] *R. G. L. McCready, H. R. Krouse*, Can. J. Soil. Sci. **62** (1982) 105
[10] *I. R. Kaplan, S. C. Rittenberg*, J. Gen. Microbiol. **34** (1964) 195
[11] *N. Nakai*, J. of Earth Sciences **11** (1963) 279
[12] *V. L. Mechtieva, E. N. Kondrat'eva*, Dokl. Biol. Sci. **166** (1966) 80
[13] *M. V. Ivanov, G. I. Gogotoba, A. G. Matrosov, A. M. Zjakun*, Microbiologija **45** (1976) 757
[14] *E. N. Kondrat'eva, V. L. Mechtieva*, Microbiologija **35** (1966) 569
[15] *E. C. Perry jr., J. Monster, T. Reimer*, Science **171** (1971) 1015
[16] *A. Nissenbaum, T. A. Rafter*, J. Sediment. Petrol. **37** (1967) 961
[17] *H. G. Thode, J. Monster, H. B. Dunford*, Geochim. Cosmochim. Acta **25** (1961) 259
[18] *S. I. Kusnetsov, M. V. Ivanov, N. N. Lyalikova*, Introduction to geological microbiology, McGraw Hill-Book New York 1963, 116
[19] *F. A. Campbell, V. G. Ethier, H. R. Krouse, R. A. Both*, Economic Geology **73** (1978) 246

Isotopenpraxis 19 (1983) 6, S. 193 – 195

Cost-Benefit Aspects of Radioisotope Application in Industry*)

L. Jankowski

(Zentralinstitut für Isotopen- und Strahlenforschung der AdW der DDR, Leipzig)[1])

Technologies, methods and instruments of isotope technique as well as their use in national economy, in particular in industries, are the result of vast activities in the fields of research, designing and primary manufacture. The efficiency of the application os isotope technique, especially its economic efficiency, depends both on the extent, to which this technique is being introduced, and on the average economic effect per unit (instrument, method, or technology) applied in various branches of national economy. By comparison of the costs of investigations conducted in the field of isotope and radiation techniques, as well as of the total economic effect gained in a series of countries, the general economic efficiency of isotope investigations was determined. The analysis of the structure and dynamics of the said efficiency coefficient as arrived at in the various countries over a long period was the main subject of the present work.

Keywords

cost benefit analysis; economics; efficiency; industry; isotope applications; radioisotopes; regional analysis; research programs; uses

The application of radioisotopes and methods of radiation technology to various branches of national economy belongs today to the essential factors of production intensification. The annual increase of 10 – 15% of the application of this technology is most of all based on its actual advantageous costbenefit relationship within nearly all ranges of application. An increasing number of isotope devices and methods is applied for solving technological and engineering problems, for which an economically adequate alternative is missing and a qualitatively new process flowsheet is necessary, respectively. The economy of a concrete device, method or technique of radiation technolgy, i.e. the relation between the required additional cost for its development, production, and application and the yielded additional economic benefit is dependent on special features of the field and extent of application, however, in most cases it exceeds by far the economic parameters of other means of rationaliziation. The 150000 isotope devices and methods applied in the COMECON countries in 1980 yielded, according to preliminary evaluations, an economic efficiency of about 1 milliard Rbl and an efficiency coefficient from 1:8 to 1:20 [1]. Only during the last ten years about 80000 isotope devices have been introduced in the Soviet national economy [2]. In the economy of the developed capitalist countries about 320000 different isotope devices were installed in 1980 and an annual economic efficiency of about 2.7 milliards of dollars [3] has been obtained. During the last twenty years, besides an intense increase of applications, an essential extension of the field of application and a growing complexity of application took place. The number of already classical devices and applications of density, thickness, surface density and level measurements with their steadily increasing availability and detection limit is supplemented by devices and device complexes with qualitatively new parameters, new principles of detection, nuclides and an efficient technique of analysis on the basis of microprocessors. These device complexes serve for the control and automatic adjustment of complicated technological processes. The about 20000 isotope devices in complex application lead e.g. in different economic branches of the USSR throughout the last ten years to an economic effect of more than 110 million Rbl [2]. The motivation for the application of isotope devices to industry is considerably shifted. On the basis of the adherence to fixed quality standards in relation to prime-cost decrease, by systematic utilization of production plants and machines, decrease of raw material and energy consumption and improvement of environment, the structure of application also changes in its national economic aspects. The emphasis of application is increasingly shifted from the solution of partial technological or analytical problems in the individual branches of industry to the fields of prospection, mining and processing of new materials, control and improvement of air and water including sewage and refuse matter treatment, general improvement of technology and materials including materials transport and handling, analysis of highest-purity materials, non-destructive materials testing as well as complex problems of health and nutrition. The savings in raw materials and energy are, in the GDR, the base of the direction of isotope-devices application. In the developed industrial countries, besides the problems of health and environment, the complex application of isotope devices plays a decisive part in technology as well as in control of the technological behaviour of materials, machines and plants. These fields of application are also promoted by public institutions and industry [4]. The following economic aims should be obtained:

- cost reduction
- decrease of material and energy consumption
- increase of technology safety
- decrease of refuse.

That means — control and complex automation of the processes of materials transport (measurement of material streams, distribution of material components and sets, material flux density, residence time distribution) as well as performance of reactions and processes in multiphase systems which are important for scaling-up. Due to the

*) Presented at the 2nd Working Meeting "Radioisotope Application and Radiation Processing in Industry", Sept. 28 – Oct. 1, 1982, Leipzig.

[1]) Address: DDR:7050 Leipzig, Permoserstr. 15.

development of isotope-technological on-line methods for process analysis important process flow-sheets can be controlled and process regulations and optimization of complete plants can be accomplished. By the complex application of isotope technology in industry investigations about material behaviour became more and more important during the last years. The increase of detection sensitivity and the possibility of simultaneous measurement of several individual components lead to the development of a number of qualitatively new methods for investigating and controlling the processes of material abrasion (wear), as e.g.:

- wear analyses of tribological systems, while varying material, shape and operating parameters,
- analysis and testing of anti-wear behaviour of lubricants under extreme conditions,
- corrosion investigations of large-shape plants and plant components.

The increasing availability of methods and techniques for surface activation, which allow the necessary, also area-determined activations in one layer up to some 100 μm, is of special importance [5].

An essential improvement of materials analysis on the basis of a number of new nuclides, semiconductor detector and electronic data processing techniques lead to complex applications of isotope devices in the automation of the production of electronic components (Si, Ge, Se, Ga, As), solar cells (Si), superconductors (Nb), optical fibres of communication engineering (quartz) etc. The development of new methods of neutron radiography (e.g. investigation of used burned elements from nuclear reactors) as well as improvement of neutron and gamma gauges for moisture and density measurements (field measurements) caused a considerable increase of complex applications in the field of non-destructive materials testing. The described generation change of isotope technique which has taken place in the last years, had also some effect on cost-benefit relations and on the methodology of calculating the efficiency of isotope techniques in national economy.

A number of methodological publications about the determination of economic efficiency of isotope technique hitherto treated only some aspects of application or single devices [6–8]. A complex methodology adapted to the new situation will therefore be developed within the frame of cooperation of the COMECON countries. The difficulty of the problem consists in the fact, that isotope and radiation technology is applied in nearly all branches of national economy, offers a multilateral system of technological and technical solutions and has an economic effect on the individual stages of reproduction process – from research to development, production and practical application. The calculation of efficiency, i.e. cost-benefit relation of isotope technique in national economy, requires data on specific economic effects per single device, method or procedure as well as data on the expenditure in research, development, production and application of this technique. Those data are collected in the research institutes, workshops for the production of isotope devices and above all in the users' industry and used for efficiency analysis. Within the scope of Section 3 of the Permanent Commission for Peaceful Utilization of Atomic Energy of the Council for Mutual Economic Assistance a data bank is built up on an international basis for collecting, processing and analyzing efficiency data of isotope technology, which will offer the possibility of an international comparison of those data [9]. The characteristic feature of the contemporary stage of isotope application in national economy is the complexity of application as well as the qualitative and quantitative change of the application scale. From the calculation of efficiency of a device or method you switch over to the analysis of efficiency of isotope technology during automation of complete technological stages or plants. Also other technological solutions (electronic data processing, sensors, process instrumentation and control engineering), which are used in combination with isotope methods, are subjected to an economic analysis. In those cases, however, the calculation of cost-benefit relations of the specific isotope-engineering rate is connected with great methodological difficulties. Only on the basis of extensive operating data on rationalization and investment measures, production througput and prime cost, it is possible to determine the efficiency parameters of isotope application. Their direct comparability on this basis, however, is not possible due to the differences in the actual conditions of application and due to the differences of the actual design of production process. Direct comparisons will only be possible on a higher base of analysis, if the efficiency of a certain type of device, of a branch of national economy or of the total application of isotope technique is analyzed within one country or on international scale. An extensive collection of cost-benefit data of different isotope devices [10] was possible e.g. by the calculation of the following specific values:

- in the application of thickness, density, surface density and level measurement to national economy of the COMECON countries the economic effect averages about 3000 to 5000 Rubel per device and year, and the efficiency coefficient is about 7·0 to 8·5;
- the application of radiographical devices (γ, *n*) lead to an economic effect of about 5500 to 8500 Rbl per device and year and to a mean efficiency coefficient of 9·0 to 12·0;
- the application of radiation technology plants for modifying materials, treating foodstuffs and for the purpose of sterilization gives a mean economic effect of about 50000 to 60000 Rubel per plant and year at an efficiency coefficient of 4·0 to 7·0.

The analogous values, calculated on the basis of extensive analyses of IAEA [11] and of EURISOTOP of ENEA [12], are about 3500–5000 dollars per device and year for isotope devices of the first group and for radiographical devices about 5000 to 8000 dollars. The efficiency coefficient of this application is equal at 5·0 to 12·0.

Upon availability of statistical material about the number of devices applied to the individual branches of industry as well as to the whole national economy calculations about the total economic effect can be made. The knowledge of the expenditure of each case of application allows to calculate the efficiency coefficient and to carry out technological economic comparisons of different isotope methods. According to *Petrosjanz* [13] the return period of investment for the application of isotope technique takes 2 to 3 months on the average in the USSR, in rare cases 5 to 6 months and thus exceeds the economic parameters of other means of rationalization.

The efficient factors of isotope technique are:

- reduction of material consumption,
- reduction of absolute and relative energy consumption,
- reduction of prime cost as a whole,
- quality increase of products,
- saving of working hours,
- increase of labour productivity.

The application of devices for area and density measurement in about 13 paper mills described by *Zymlow* [8] lead e.g. to a decrease of material consumption by 10%. In the production of plastic foils material savings were about 12%. The economic effect per device and year as a function production throughput was 8·3 to 38·0 thousand Rbl at an efficiency coefficient of about 3·5. According to the data given by the same author the national economy at complete equipment of cellulose and paper industry by thickness and surface area measuring devices will reach an economic effect of about 6·0 million Rbl due to material savings at necessary investments of about 3·4 million Rbl. At complex automation, i.e. feedback of display of isotope devices by means of suitable automation for controlling the processes of production, investment cost rise to about 7·0 million Rbl, while the economic effects are about 17 to 20 million Rbl. This example characterizes the present trend of economy of isotope devices in industry. The ccmplex application of isotope devices as part of automation measures requires an additional expenditure, but leads to an important increase of efficiency. The last example shows, that 1 Rbl of additional capital investment causes economic effects of about 3·0 Rbl.

Isotope relais, used as limit switch elements under difficult operating conditions (moisture, temperature, dust, vibration), for ccntrol and automation of technological processes at varying temperature and pressure, for filling open and closed containers, for dosing material and counting individual parts, belong nowadays to the mostly applied devices in industry. Also their application is characterized by the reduction of energy input by 5—8%, increase of labour productivity by 3—5% and reduction of material consumption by 2—3%. The application of about 20 isotope relais in a mine of the complex "Artemugol" lead e.g. to an economic effect of 2·52 thousand Rbl per device and year at a return period of investment of about 0·63 years. The application of isotope devices for density measurement in different industrial branches of the COMECON countries (cigarette factories, sugar factories, cellulose production) usually leads to a reduction of prime cost 1—2% and an economic effect of 6·5—8·0 thousand Rbl per device and year at efficiency coefficients of 2·8—9·8. The return period of investment in this application is about 0·1—0·4 years. With the application of gamma radiography in controlling the weldign quality generally a primecost reduction of production by 8—10% is reached.

In the last years, the increase of detection limit in wear calculations lead to a 10—15% application increase of this method in industry. Only in the national economy of the USSR the application of isotope methods for wear investigations including the method of surface activation of machine and constructional parts gave an annual economic effect of about 120·0 million Rbl. Per wear part an effect of 5·0 to 7·5 thousand Rbl is expected. According to *Akopow* [6, p. 172—174] the investigation of 31 parts of different machine tools, for example, was followed by an annual economic of 83·0 thousand Rbl, and the method of surface activation for investigating the wear behaviour of 29 machine parts in three different metallurgical complexes brought an economic effect of 485·0 thousand Rbl.

The described examples show, that the development of isotope technology, its qualitatively new performance parameters, lead to a high economic efficiency. The cost-benefit relation in the complex application of these devices increased in the last years from 1:5 (1965), 1:8 (1975) to 1:10—1:15 in the early eighties. The most essential cause of this trend is the increase of the capacity of production processes, controlled and automated by means of isotope devices, and the solution of qualitatively new technological problems at a high economic relevance. The mean cost-benefit proportion of isotope technology of 1:10 to 1:15, which is nowadays reached in nearly all developed industrial countries, makes this field of peaceful application of nuclear energy an important ressource of production rate increase and quality improvement. An extensive investigation of the possibilities for applying the isotope devices and methods to different branches of national economy proves to be more and more urgent. A collection of statistical data about the expenditure and benefit of different isotope devices and methods and the computerized processing of those values to technological-economic analyses are also much important. The Central Institute of Isotope and Radiation Research, Academy of Sciences of the GDR, Leipzig, already started such a complex work.

Received October 8, 1982
Accepted in revised form December 23, 1982

References

[1] *L. Jankowski*, Isotopenpraxis **15** (1979) 353

[2] *V. M. Kaloschin, J. J. Krejndlin* u. a., Radioisotopnyje metody i sredstva kontrolja i avtomatisacji technologičeskich processov v promyslennosti. Isotopy v SSSR, Specjalnyj vypusk, Nr. 59, Moskau, Atomisdat 1980, S. 104—108

[3] *L. Jankowski*, Nekotoryje aspekty razvitija isotopnych issledovanii i isotopnoj techniki. Vorträge der RGW-Konferenz zur Effektivität der Anwendung von Radioisotopenmethoden und -geräten sowie der Strahlentechnik, vom 22.—25. 4. 1980, Halle, ZfI-Mitt. Nr. 34 (1980) S. 67

[4] AFR-Berichte. Rahmenprogramm zur Weiterentwicklung der Radionuklidtechnik, Kernforschungszentrum Karlsruhe, KfK-AFR 001, Dezember 1979, S. 11

[5] *L. Wiesner*, Jahrbuch der Atomwirtschaft **1982**, S. A67

[6] *W. S. Akopow, J. N. Mymrin, W. I. Postnikow*, Metodika techniko-ekonomičeskogo analisa primenenija radioisotopnych sredstw kontrolja v technike. Atomisdat, Moskau 1974, 198 S.

[7] *L. Jankowski*, Metodičeskije problemy ocenki effektivnosti primenienija isotopnoj i radiacjonnoj techniki v narodnom chosjajstvie. In Vorträgen einer RGW-Konferenz zur Effektivität der Anwendung von radioisotopenmethoden und -geräten sowie der Strahlentechnik, vom 22.—25. 4. 80 in Halle, ZfI-Mitt. Nr. 34, 1980, S. 7—40

[8] *D. M. Zymlow*, Radioisotopnaja technika v povyšenii effektivnosti proisvodstva. Atomisdat, Moskau 1976, 71 S.

[9] *L. Jankowski, S. Töpfer, A. Pfund*, Eine Datenbank zur Anwendung der Isotopen- und Strahlentechnik. ZfI-Mitt. Nr. 34, 1980, S. 41—66

[10] *L. Jankowski*, Kernforschung und Kerntechnik — volkswirtschaftliche Bedeutung, Potential und Effektivität. Diss. B, ZfI, Leipzig 1975, 399 S.

[11] Industrial Radioisotope Economics, IAEA, 1965, 571 S.

[12] *B. Röper*, Die radiometrische Industrie der Länder der Europäischen Gemeinschaft. Eurisotop, Studie Nr. 88, Brüssel 1975, 286 S.

[13] *A. M. Petrosjanz*, Atomnaja nauka i technika — narodnomu chosjajstvu. Energoisdat. Moskau 1981, S. 103

Isotopenpraxis **19** (1983) 6, S. 196–198

Zur Kondensationsenergie des Nukleons im Kern und ihre Abhängigkeit vom Kernradius

N. Gorski

(Zentralinstitut für Isotopen- und Strahlenforschung der AdW der DDR)[1])

Die Kondensationsenergie des Nukleons b_v hängt vom Krümmungsradius des Kerns ab. Sie nimmt mit der Größe des Kerns zu und erreicht für die unendlich ausgedehnte Kernmaterie einen Wert von 28,71 MeV. Der b_v-Mittelwert für 35 betrachtete Kerne beträgt dagegen 17,03 ± 1,50 MeV. Der Radiusparameter des Kerns r_0 ist ebenso krümmungsabhängig. Sein Wert sinkt aber mit der Kerngröße.

Es werden mathematische Zusammenhänge zwischen der Kondensationsenergie und der molaren Oberflächenenergie der Kerne und zwischen den Proportionalitätskoeffizienten der beiden ersten Glieder der Bethe-Weizsäckerschen Gleichung hergeleitet.

Keywords

binding energy; liquid drop model; nuclear matter; nuclear radii; nuclei

Die Oberflächenspannung σ der Kernmaterie verhält sich im Bezug zum Krümmungsradius analog der der Flüssigkeiten, mit der Zunahme der Kerngröße steigt die Oberflächenspannung [1]. Mathematisch wird das durch Gleichung (1) ausgedrückt:

$$\sigma = \frac{\sigma_0}{\left(1 + \frac{\delta}{r}\right)^2} \tag{1}$$

σ – Oberflächenspannung des Kerns
σ_0 – Oberflächenspannung der ebenen Kernfläche von $2{,}35 \cdot 10^{17}\ \mathrm{N\ m^{-1}}$
r – Äquivalentradius des Kerns

Der Parameter δ, der den Wirkungsradius der Kernkräfte charakterisiert, beträgt 1,37 fm (1 fm = 1 Femtometer $= 10^{-15}$ m). Die Gleichung beschreibt adäquat die experimentellen Ergebnisse für das mittlere Verhalten der Kerne bezüglich der Oberflächenspannung ab Massenzahlen $A = 10$.

Das mittlere Potential U_i des Molekularfeldes der Flüssigkeiten steht entsprechend eines kürzlich nachgewiesenen Theorems [2] mit der molaren Oberflächenspannung σ_M in folgendem Zusammenhang:

$$U_i = 6\sigma_M \tag{2}$$

oder

$$U_i = 6\sigma V^{2/3} N^{1/3} \tag{3}$$

V – Molvolumen der Flüssigkeit
N – *Avogadro*sche Zahl

Da bei der Ableitung dieses Theorems keinerlei spezielle Annahmen über die Flüssigkeitsstruktur gemacht wurden, sollten die Beziehungen (2) und (3) auch für die Kernmaterie gelten.

Mit dem Molgewicht der Kernmaterie von 1 g und ihrer mittleren Dichte $\varrho = 0{,}17$ Nukleon $\mathrm{fm^{-3}}$, erhält man für das Molvolumen der Kernmaterie $V = 3{,}54 \cdot 10^{-21}\ \mathrm{m^3\ Mol^{-1}}$ Mit diesem Wert wurden an Hand der Oberflächenspannungen der Kerne [1] die mittleren Kernpotentiale für 35 Kerne nach Gleichung (3) berechnet (Tab. 1, Spalte 5). b_v stellen die auf ein Nukleon bezogenen mittleren Kernpotentiale U_i/N dar.

b_v ist die innere Verdampfungswärme, die definitionsgemäß die beim Verdampfungsvorgang um die Volumenarbeit $p\,\Delta V$ korrigierte Verdampfungswärme Δh repräsentiert:

$$b_v = \Delta h - p\,\Delta V \tag{4}$$

Bei nicht allzu hohen Temperaturen unterhalb des Siedepunktes läßt sich diese Korrektur bei Flüssigkeiten mit ausreichender Genauigkeit durch kT approximieren. Für die Kerne kann man diesen Beitrag völlig vernachlässigen, da für sie $\Delta h \gg kT$ ist. Damit ist für die Kerne die innere Verdampfungswärme gleich der Verdampfungswärme oder der Kondensationsenergie des Nukleons

$$b_v = \Delta h \tag{5}$$

Entsprechend den Beziehungen (1) und (3) sollte die Kondensationsenergie ebenso wie die Oberflächenspannung eine Funktion der Kerngröße sein:

$$b_v = \frac{b_v^0}{\left(1 + \frac{\delta}{r}\right)^2} \tag{6}$$

b_v^0 – Kondensationsenergie des Nukleons für die unendlich ausgedehnte Kernmaterie ($r \to \infty$)
$6\sigma_0 (V/N)^{2/3} = 28{,}71$ MeV.

Damit besitzt jeder Kern seine spezifische Kondensationsenergie und die an Hand der *Bethe-Weizsäcker*schen Gleichung (7) gewonnenen b_v-Werte, die durch Anpassung dieser Beziehung an experimentelle Angaben der Bindungsenergien der Kerne bestimmt wurden, stellen nur einen gemittelten -Wert aller in die Betrachtung einbezogenen Kerne dar. b_v

$$E = b_v A - b_s A^{2/3} - b_c Z^2 A^{1/3} - b_{sym} \times (Z - A/2)^2 A^{-1} \pm \varepsilon \tag{7}$$

[1]) Anschrift: 7050 Leipzig, Permoserstr. 15

Tab. 1. Oberflächenspannung, Oberflächen- und Kondensationsenergie, Äquivalentradien und Radiusparameter der Kerne

N/N	Nuklid	$\sigma \cdot 10^{-17}$ N·m^{-1} [1]	$\frac{\sigma_M}{N}$ MeV	b_v MeV	r fm [1]	r_0^2 fm^2
1	Be-9	1,01	2,06	12,34	3,12	2,25
2	B-10	1,05	2,14	12,83	3,16	2,15
3	B-11	1,15	2,34	14,05	3,12	1,97
4	C-12	1,18	2,40	14,41	3,17	1,92
5	N-14	1,30	2,65	15,88	3,18	1,74
6	O-16	1,16	2,36	14,17	3,52	1,95
7	O-18	1,22	2,48	14,90	3,58	1,87
8	Mg-24	1,30	2,65	15,88	3,80	1,74
9	Al-27	1,41	2,87	17,22	3,80	1,60
10	Si-28	1,36	2,77	16,61	3,92	1,67
11	P-31	1,43	2,91	17,47	3,96	1,59
12	S-32	1,33	2,71	16,25	4,15	1,71
13	Ca-40	1,30	2,65	15,88	4,51	1,74
14	Ca-42	1,32	2,69	16,12	4,56	1,72
15	Ca-44	1,36	2,77	16,61	4,55	1,66
16	Ca-48	1,47	2,99	17,97	4,51	1,54
17	Ti-46	1,37	2,79	16,74	4,61	1,66
18	Ti-48	1,38	2,81	16,86	4,65	1,64
19	Ti-50	1,45	2,95	17,71	4,61	1,56
20	V-53	1,49	3,03	18,20	4,63	1,52
21	Cr-52	1,42	2,89	17,35	4,72	1,60
22	Fe-54	1,40	2,85	17,10	4,80	1,61
23	Fe-56	1,39	2,83	16,98	4,88	1,63
24	Co-59	1,38	2,81	16,86	4,99	1,64
25	Ni-58	1,38	2,81	16,86	4,96	1,64
26	Ni-60	1,42	2,89	17,35	4,94	1,59
27	Sr-86	1,60	3,26	19,55	5,30	1,42
28	In-115	1,59	3,24	19,42	5,80	1,42
29	Sn-116	1,58	3,22	19,30	5,84	1,43
30	Sn-120	1,56	3,18	19,06	5,94	1,45
31	Sn-124	1,58	3,22	19,30	5,98	1,44
32	Sb-122	1,55	3,14	18,93	6,00	1,46
33	Au-197	1,64	3,34	20,03	6,84	1,38
34	Pb-208	1,60	3,26	19,55	7,04	1,41
35	Bi-209	1,65	3,36	20,16	6,95	1,37

Tab. 2. Kondensationsenergie des Nukleons [3]

Autor	Jahr	b_v MeV
Bethe	1936	14,885
Flügge	1942	15,74
Fermi	1945	15,04
Feenberg	1947	15,035
Pryce	1950	15,089
Fowler	1952	16,432
Green	1953	16,918
Wapstra	1955	17,006

E — Bindungsenergie des Nukleons im Kern
Z u. A — Ladung bzw. Massenzahl des Kerns
b_s, b_c, b_{sym} — Proportionalitätskoeffizienten bei den Gliedern der Oberflächen-, *Coulomb*schen und Asymmetrieenergie
ε — Paarungsenergie

Ein b_v-Wert der in der Tab. 1 angegebenen Kerne beträgt z.B. 17,03 $\pm$ 1,50 MeV.

Tab. 2 [3] enthält eine Zusammenstellung der von verschiedenen Autoren ermittelten Kondensationsenergien der Nukloonen. Mit der Verfeinerung der Kenntnisse der Kerneigenschaften stieg, wie zu sehen ist, der Wert der Kondensationsenergie und die Angabe von Wapstra stimmt gut mit dem hier ermittelten überein. Das bekräftigt nachträglich die Gültigkeit des Theorems [2] auch für die Kernmaterie. Die angegebene Anzahl der Stellen der b_v-Werte ist aber irreführend, wenn man daraus ihre Bestimmungsgenauigkeit ableiten will. Diese mag mit einigen Abstrichen näherungsweise für eine kleine Gruppe direkt aneinanderliegender Kerne noch gelten (vgl. Tab. 1). Für eine große Kerngruppe wie die hier betrachtete, ist allerdings die Bestimmungsgenauigkeit des mittleren b_v-Wertes eben wegen ihrer Krümmungsabhängigkeit nicht höher als $\pm$1,50 MeV. *Bohr* und *Mottelson* [4] empfehlen z.B. einen b_v-Wert von $\approx$16 MeV. Das Zeichen $\approx$ charakterisiert die wahre Bestimmungsgenauigkeit der Kondensationsenergie des Nukleons, wenn es sich um eine große Gruppe von Kernen handelt.

Stellt man die Frage über die Gründe der Zunahme der Kondensationsenergie des Nukleons mit der Kerngröße, die immerhin für die in Tab. 1 betrachteten Kerne einen Faktor von fast 2 ausmacht und für die unendlich ausgedehnte Kernmaterie gar den Wert von 28,71 MeV erreicht, so hängt dieses Phänomen mit dem Mehrkörper- oder Kollektivcharakter der Kernkräfte zusammen; die Wechselwirkungsenergie eines Nukleonenpaares wird durch die Anwesenheit der anderen Nukleonen verstärkt. Diese Verstärkung hat aber absättigenden Charakter und verläuft in erster Näherung nach der Gleichung (6), die das mittlere Verhalten der Kerne bezüglich ihrer Kondensationsenergie beschreibt.

An Hand der Beziehung (3) läßt sich ein Zusammenhang zwischen den Proportionalitätskoeffizienten der ersten beiden Glieder der *Bethe-Weizsäcker*schen Gleichung herleiten. Die Oberflächenspannung des Kerns beträgt

$$\sigma = \frac{b_s A^{2/3}}{4\pi r^2} \tag{8}$$

Setzt man (8) in (3) ein, so erhält man

$$b_v = \frac{6 b_s A^{2/3} V^{2/3}}{4\pi r^2 N^{2/3}} \tag{9}$$

Durch Substitution des Radius des Kerns an Hand der üblichen Beziehung

$$r = r_0 A^{1/3} \tag{10}$$

r_0 = Radiusparameter des Kerns

ergibt sich aus (9)

$$b_v = \frac{1{,}5 V^{2/3}}{\pi r_0^2 N^{2/3}} b_s \tag{11}$$

Bemerkenswert an dieser Beziehung ist die Aussage, daß sich das Quadrat des Radiusparameters r_0^2 mit der Zunahme der Kerngröße verringern muß, da b_v wie hier gezeigt wurde in der gleichen Richtung steigt und b_s eine Konstante ist. Wie aus Tab. 1 zu entnehmen ist, bestätigen die experimentellen r_0-Werte tatsächlich diesen Verlauf. Diese Übereinstimmung ist als indirekter Beweis der Zunahme der Kondensationsenergie mit der Kerngröße zu werten. Die Krümmungsabhängigkeit des Radiusparameters, der physikalisch den mittleren Abstandsradius der Nukleonen im Kern darstellt, soll auch die Krümmungsabhängigkeit der Kerndichte bedingen: die Kerndichte muß mit Zunahme der Kerngröße steigen. Hier haben wir die mittlere Kerndichte von $2{,}82 \cdot 10^{17}$ kg m^{-3} eingesetzt. Der sich daraus ergebende Fehler fällt in Anbetracht der hier gestellten Aufgabe der Ermittlung der allgemeinen Tendenzen der Kerneigenschaften in Abhängigkeit vom Krümmungsradius nicht besonders ins Gewicht. Diese Krümmungsabhängigkeit der Kerndichte wird außerdem etwas dadurch gemildert, da die Dichte in allen Ableitungen als $\varrho^{-2/3}$ eingeht.

Nach der Gleichung (11) läßt sich der Radiusparameter der unendlich ausgedehnten Kernmaterie bestimmen. Mit $b_V^0 = 28{,}71$ MeV und $b_s = 17{,}8$ MeV erhält man für $r_0^\infty = 0{,}98$ fm. Den experimentellen Angaben nach beträgt der mittlere quadratische Radius der elektrischen Ladungsverteilung des Protons 0,87 fm [5] und sein Äquivalentradius 1,03 fm [6].

In der unendlich ausgedehnten Kernmaterie befinden sich damit die Nukleonen im direkten Kontakt miteinander.

Eingegangen am 15. 11. 1982

Literatur

[1] *N. Gorski*, Isotopenpraxis **17** (1981) 421

[2] *N. Gorski*, Vortrag auf 3. Tagung „Theorie und Struktur der flüssigen Phase“, Rostock, 1982: ZfI-Mitt. **52** (1982) 39

[3] *A. H. Wapstra*, in: Handbuch der Physik, „Äußere Eigenschaften der Atomkerne“, ed. S. Flügge, Band XXXVIII/1, Berlin – Göttingen – Heidelberg: Springer 1958, S. 31

[4] *A. Bohr, B. R. Mottelson*, Struktur der Atomkerne, Bd. I, Berlin: Akademie-Verlag 1975, S. 150

[5] *P. Brix*, Naturwissenschaften **64** (1977) 293

[6] *Landolt-Börnstein*, Kernphysik und Kerntechnik, Bd. 1/2, Kernradien, Berlin – Heidelberg – New York: Springer 1967, S. 30

Isotopenpraxis **19** (1983) 6, S. 198 – 201

Erfahrungen beim Einsatz von Röntgenfluoreszenzanalysatoren mit Radionuklidanregung zur Zinnbestimmung

G. Krüger, W. Böhme

(VEB Mansfeld-Kombinat „Wilhelm Pieck“, Forschungsinstitut für NE-Metalle Freiberg)[1])

M. Thomae

(VEB Bergbau- und Hüttenkombinat „Albert Funk“ Freiberg, Betrieb Zinnerz Altenberg)[2])

G. Loos

(Zentralinstitut für Kernforschung Rossendorf)[3])

Es wird die Röntgenfluoreszenzanalyse zur genauen und schnellen Zinngehaltsbestimmung in Erzen und Aufbereitungsprodukten beschrieben. Untersuchungen über Möglichkeiten zur Eichung der eingesetzen Geräte mit Hilfe der Polarographie und der Neutronenaktivierungsanalyse, wie Kontrollmessungen der Arbeitsstabilität zeigen, daß das Verfahren zur Betriebsanalyse im Bergbau und im Hüttenbetrieb geeignet ist. Ökonomische Betrachtungen weisen die Zweckmäßigkeit des Einsatzes nach.

Keywords

iron; mining industry; neutron activation analysis; ores; tin; X-ray fluorescence analysis

1. Einleitung

Die Deckung des Zinnbedarfes der DDR aus einheimischen Rohstoffen gewinnt zunehmend an Bedeutung. Im Zusammenhang damit steht eine steigende Zinnförderung in der Lagerstätte Altenberg. Die möglichst verlustarme Abbauführung und Aufbereitung stellt dabei einen Schwerpunkt dar.

Präzise Kenntnisse, insbesondere über den Zinngehalt, sind unter diesen Gesichtspunkten für den Geologen und Technologen unentbehrlich.

Der schnell steigende Umfang der bereitzustellenden Analysenergebnisse erfordert die Einführung produktiver analytischer Verfahren.

Die wenig aufwendigen, einfach zu bedienenden Röntgenfluoreszenzanalysatoren mit Nuklidanregung bieten sich für diesen Einsatzfall an. Erfahrungen, die bei der Anwendung von zwei derartigen Geräten gesammelt wurden, werden mitgeteilt.

Anschriften: [1]) 9200 Freiberg, Lessingstr. 41; [2]) 8242 Altenberg, Platz des Bergmannes 2; [3]) 8051 Dresden, Postfach 19

2. Der 2-Kanal-Analysator PAZ-P

2.1. *Aufbau und Wirkungsweise des PAZ-P-Gerätes*

Der Meßplatz PAZ-P (Physikalischer Analysator für Zinn in Pulverproben) dient zur Bestimmung des Zinngehaltes in geologischen und Aufbereitungsproben. Das Meßprinzip beruht auf der Anregung der K_α-Linie des Zinns durch Röntgenstrahlung, die durch ^{241}Am unter Zwischenschaltung eines Targets (Eu_2O_3) erzeugt wird. Das Gerät arbeitet nach dem Verhältnisverfahren durch Quotientenbildung zwischen der Intensität der K_α-Linie des Zinns und der Intensität der Streustrahlung. Bei Verwendung entsprechender Meßköpfe sind auch Messungen nach dem *Mössbauer*-Verfahren und dem Kantenfilter-Differenzverfahren möglich.

Die von dem Szintillationsmeßkopf gelieferten Impulse werden nach entsprechender Verstärkung 3 Einkanalanalysatoren zugeführt. Kanal 1 ist auf die K_α-Linie des Zinns, Kanal 2 auf die Streustrahlung eingestellt. Nach Zählung der Impulse wird das Verhältnis beider Ergebnisse angezeigt.

Kanal 3 ist ein periodisch umgeschalteter Einkanalanalysator, der die durch eine Stabilisierungsquelle (2 µCi ^{241}Am) erzeugte Linie mißt und die Lage dieser Linie über eine Beeinflussung der Hochspannung des Szintillationsmeßkopfes fixiert. Dadurch wird die Auswirkung von Einflußgrößen, wie Temperatur und Betriebsspannungsschwankungen, auf das Meßergebnis weitgehend ausgeschaltet.

Für die Messungen nach dem Kantenfilter-Differenzverfahren und dem Mössbauer-Verfahren sind die entsprechenden Steuerschaltungen für die Filterwechslung und Anregungsgeneratorschaltung enthalten.

Die Ergebnisse werden zusätzlich analog ausgegeben; der Anschluß für Meßwertdrucker bzw. Stanzer ist vorhanden.

Das Gerät wird mit Netzspannung 220V betrieben.

2.2. *Der Analysator ITRA 113*

Der Analysator ITRA besteht aus einem Strahlungsmeßgerät 20026, einer Szintillationssonde 24001 (VEB Robotron Meßelektronik „Otto Schön" Dresden) der Strahlenquelle (^{241}Am/Ba-Sekundärtargetquelle) und dem speziellen Filterpaar (Ag/Pd) [1].

Die Notwendigkeit, den Zinngehalt in Proben unterschiedlicher Herkunft (geologische Proben, Aufbereitungsprodukte) und mit unterschiedlicher Konzentration (Erze, Konzentrate) zu bestimmen, bedeutet, daß das bisher praktizierte einfache Filterdifferenzverfahren, das durch seine Matrixabhängigkeit nur in engen Meßbereichen anwendbar ist, für den vorliegenden Fall nicht mehr ausreicht. Deshalb waren zusätzliche Informationen in Abhängigkeit von der Probenzusammensetzung erforderlich.

Aus diesem Grunde wurde eine Sekundärtargetquelle aufgebaut, die neben der Ba-K_α-Strahlung (zur Anregung der Sn-K_α-Strahlung) auch die 59,6 KeV Strahlung des ^{241}Am emittiert (Abb. 1 und 2). Durch geringfügige Änderungen am Zentralgerät wurde bei einfachster Bedienung nacheinander die Messung in zwei Energiebereichen möglich. Somit konnte neben der Messung der Sn-K_α-Strahlung nach dem Filterdifferenzverfahren auch die Messung der an der Probe gestreuten ^{241}Am-Strahlung erfolgen.

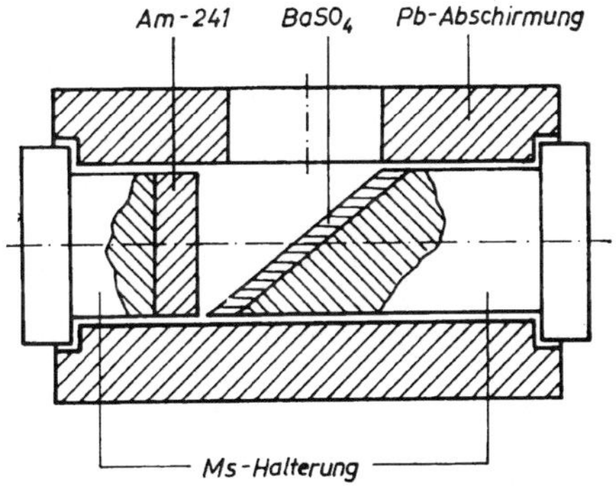

Abb. 1. Sekundärtargetquelle ITRA 113 – Prinzipskizze

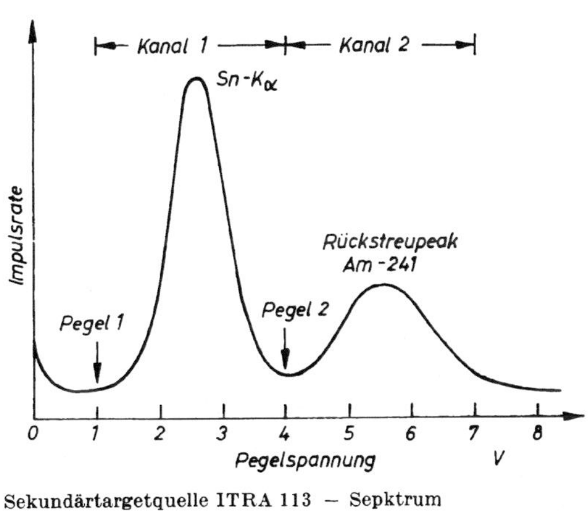

Abb. 2. Sekundärtargetquelle ITRA 113 – Sepktrum

Der Einfluß von Inhomogenitäten in der Probe bei einer seitlich angeordneten Strahlenquelle auf das Meßergebnis wird durch eine Probendrehvorrichtung kompensiert.

3. Durchführung der Messungen und Ergebnisse

3.1. *Eichung der Analysatoren*

Die Röntgenfluoreszenzanalyse (RFA) als relatives Analysenverfahren ist hinsichtlich der Richtigkeit der aus derartigen Untersuchungen stammender Analysenergebnisse wesentlich von der Verfügbarkeit geeigneter Eichproben abhängig. Die bekannte chemische Elementkonzentration in diesen Eichproben sollte dem wahren Wert möglichst nahe kommen.

Die im Betriebslaboratorium praktizierte polarographische Bestimmungsmethode ergab bei einer inneren Kontrolle Abweichungen, die im nach [2] zulässigen Streubereich liegen, aber eine genaue Eichung eines anderen Verfahrens nicht zulassen. Bei Einsatz von 127 Proben mit 340 Sn-Bestimmungen in verschiedenen Labors konnte ein Korrelationskoeffizient von 0,09767 erreicht werden. Eine weitere Steigerung der Probenzahl führte zum Absinken des Korrelationskoeffizienten sowie zu einer nicht zufriedenstellenden Streuung der Restwerte.

Deshalb wurde eine Testreihe von 20 Proben zusammengestellt und im Zentralinstitut für Kernforschung Rossendorf mittels Neutronenaktivierungsanalyse untersucht. Die Proben 1 bis 8 sind reine Erztypen der Lagerstätte (Topas-Glimmer-Greisen; Quarz-Topas-Greisen der Edukte Granit, Granitporphyr und Quarzporphyr), die nur selten allein in einer Probe vorkommen, während die Proben 9 bis 19 Mischungen aus Erz der verschiedenen Abbauorte darstellen. Die Probe 20 ist ein Standard, der der Serie zur inneren Kontrolle verschlüsselt beigegeben wurde. In Unkenntnis dieses Sachverhaltes wurde auch im Analysenlabor eine Probe dieses Materials der Serie zur Kontrolle hinzugefügt. Es handelt sich hierbei um den internationalen Standard GnA Greisen Altenberg des Zentralen Geologischen Institutes der DDR, der in enger Beziehung zu untersuchten Lagerstätten steht.

Die Analysenergebnisse sind in Tab. 1 zusammengestellt. Die Gehalte wurden unter Bezugnahme auf Reinstzinnfolie (99,999%) bzw. auf den Fe_2O_3-Gehalt des ZGI-Standards Greisen (5,93%) berechnet. Es wurden die mittleren Streuungen der Mittelwerte aus Mehrfachbestimmungen angegeben. Für die Auswertung wurden folgende Energien herangezogen: ^{117}Sn (159 keV), ^{113}Sn (392 keV), ^{59}Fe (1100 keV), ^{54}Mn (834 keV). Die mittlere relative Standardabweichung betrug für diese Probenserien bei der Zinnbestimmung 2,2%.

Die Eichung des Analysators PAZ-P erfolgte im Gehaltsbereich von 0,023 bis 1,549% Sn, während es sich für den Analysator ITRA-113 als günstiger erwies, die Eichung im Gehaltsbereich von 0,023 bis 0,0797% Sn vorzunehmen, da oberhalb dieses Sn-Gehaltes die Sättigung erreicht wird.

Im untersuchten Meßbereich ergibt sich der funktionelle Zusammenhang

$$\% \text{ Sn} = a + b \cdot Q$$

Tab. 1. Ergebnisse der Neutronenaktivierungsanalyse

Probe Nr.	Sn-Gehalt, %		Fe_2O_3-Gehalt, %	
1	0,080	±0,002	5,09	±0,15
2	0,486	±0,009	4,16	±0,13
3	0,255	±0,007	4,36	±0,06
4	1,549	±0,014	7,80	±0,08
5	0,148	±0,003	5,92	±0,04
6	0,023	±0,001	3,65	±0,03
7	0,028	±0,002	9,05	±0,06
8	0,065	±0,003	17,35	±0,55
9	0,325	±0,005	6,47	±0,09
10	0,246	±0,009	6,40	±0,15
11	0,092	±0,002	5,08	±0,02
12	0,621	±0,012	5,08	±0,02
13	0,140	±0,003	6,79	±0,13
14	0,396	+0,002	6,14	±0,13
15	0,797	±0,008	6,38	±0,20
16	0,234	±0,003	7,68	±0,30
17	0,590	±0,007	6,34	±0,20
18	0,301	±0,006	7,44	±0,30
19	0,824	±0,008	7,22	±0,02
20 (St)	0,187	±0,003	5,93	±0,11
St	0,0186	±0,004	(5,92)	(Zertifikat)
	(Zertifikat 0,190 ± 0,013)			

wobei Q nach den zur Anwendung gelangenden Verfahren folgendermaßen ermittelt wird:

$$\text{PAZ-P } Q = \frac{I_1}{I_2} 10^4$$

I_1 = Impulsrate im Kanal 1
I_2 = Impulsrate für die Streustrahlung im Kanal 2

$$\text{ITRA-113 } Q = \frac{I_{11} - I_{12}}{I_2}$$

I_{11} = Impulsrate im Kanal 1 mit Filter 1 (Ag)
I_{12} = Impulsrate im Kanal 1 mit Filter 2 (Pd)

Die Errechnung von a (Absolutglied) und b (Anstieg) erfolgten mit dem Kleinrechner K 1002 (Kombinat Robotron). Neben der Standardabweichung für diese beiden Größen werden bei dem verwendeten Programm gleichzeitig der Korrelationskoeffizient und die Reststreuung erhalten. Durch kritische Beurteilung dieser Größen ist bei der Wiederholung der Eichmessungen in konstanten Zeitabständen eine Einschätzung zum Langzeitverhalten und über die Zuverlässigkeit der Geräte möglich.

Bei einem Korrelationskoeffizienten von >99% wurde eine Standardabweichung von 0,024 (ITRA) bzw. 0,031% Sn (PAZ-P) erhalten, wobei der für den Analysator PAZ-P ausgewiesene höhere Wert aus dem bis auf 1,5% Sn erweiterten Meßbereich erklärbar ist.

3.2. Untersuchungen zur Gerätestabilität und Reproduzierbarkeit der Meßgeräte

Zu den Analysatoren PAZ-P und ITRA-113 gehören je zwei Standards (unvererzter Granit, Erz bzw. Konzentrat in Epoxidharz eingebettet), die an jedem Meßtag ein- bzw. zweimal gemessen werden.

Für PAZ-P werden zusätzlich zwei Pulverstandards aus dem Rossendorfer Eichprobensatz zu Beginn und am Ende der Messungen analysiert (Probe 18 und 19).

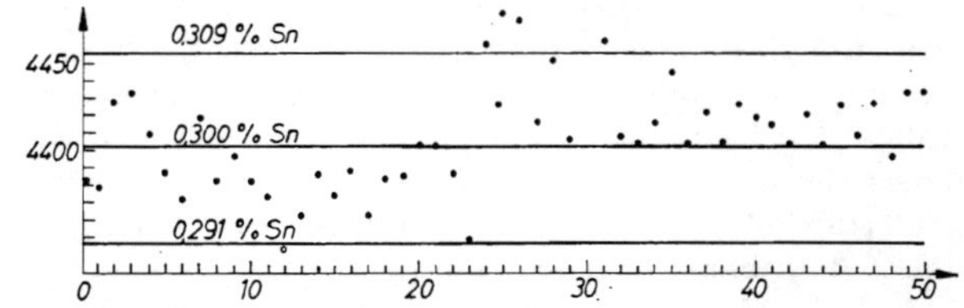

Abb. 3. Stabilität des Analysators PAZ-P an 50 Meßtagen mit Pulverprobe 0,301 % Sn

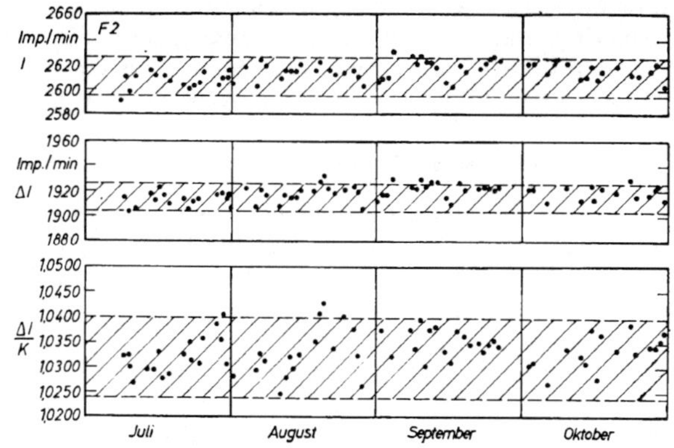

Abb. 4. Meßwerte an einer Standardprobe zur Überprüfung der Stabilität des Analysators ITRA 113

Ein Ausschnitt der im Zeitraum von 4 Monaten angefallenen Meßwerte wird in Abb. 3 und 4 gezeigt. Aus den ersten 30 Meßwerten wurden der Mittelwert und die Standardabweichung ermittelt. Der Mittelwert x und der Bereich $x \pm 2$ s sind besonders hervorgehoben. Es ist ersichtlich, daß die verwendete Gerätetechnik — in beiden Fällen — unter den gegebenen Randbedingungen als ausreichend stabil angesehen werden kann.

Die Meßwerte am PAZ-P zeigen für den Pulverstandard 0,301% Sn (Probe 18 nach Tab. 1) im 2-s-Bereich eine relative Abweichung von 5,98% (0,018% Sn).

Wie sich die Unterschiede der im Abstand von einem Monat (ITRA-113) bzw. von 5 Monaten (PAZ-P) erhaltenen Werte für die Eichfunktion auf die Ermittlung der Zinngehalte auswirken, wird an 5 Proben dokumentiert (Tab. 2).

Tab. 2. Einfluß von Änderungen der Eichfunktion auf die Meßergebnisse

Probe Nr.	Sn-Gehalt, % nach Eichfunktion vom		Differenz	
ITRA 113	15. 10. 81	12. 11. 81	% Sn	% rel.*)
1	0,024	0,033	0,009	31,6
2	0,154	0,157	0,003	1,9
3	0,240	0,238	0,002	0,8
4	0,393	0,400	0,007	1,8
5	0,590	0,601	0,011	1,8
PAZ-P	18. 05. 81	15. 10. 81	% Sn	% rel.*)
6	0,033	0,035	0,002	5,9
7	0,307	0,311	0,004	1,3
8	0,445	0,439	0,006	1,3
9	0,592	0,578	0,014	2,4
10	0,808	0,790	0,018	2,2

*) Bezugswert: mittlerer Sn-Gehalt aus beiden Meßwerten

Tab. 3. Angaben zur Reproduzierbarkeit des Analysenverfahrens

Sn-Gehalt	Anzahl der Messungen *n*	Standardabweichung % abs.		Variationskoeffizient % rel.	
		ohne Probenwechsel	mit Probenwechsel	ohne Probenwechsel	mit Probenwechsel
ITRA 113					
0,278	18	0,005		1,8	
0,188	20		0,005		2,8
0,067	20	0,005		7,5	
0,053	20		0,003		5,7
PAZ-P					
0,303	20	0,003		0,99	
0,302	20		0,009		3,0
0,795	20	0,006		0,75	
0,792	20		0,01		1,3

Bei Reproduzierbarkeitsmessungen wurden die der Tab. 3 zu entnehmenden Werte erhalten. Die ermittelten Werte für die Standardabweichung sind geringer als die bisher im Betriebslabor mit dem polarographischen Verfahren erreichten.

4. Ökonomische Betrachtungen

Die Einführung der beschriebenen Röntgenfluoreszenzanalysatoren führt zu

- einer Erhöhung der Arbeitsproduktivität im Labor (Wegfall der chemischen Probenvorbereitung, Verringerung der Meßzeiten);
- einer Verbesserung der Aussage (Analysenwert stellt Mittelwert über ein größeres Probenvolumen dar);
- Möglichkeiten zur Erweiterung des Analysenprogrammes;
- Einsparung von Chemikalien

5. Allgemeine Einschätzung

Die Erfahrungen, die beim Einsatz von zwei Röntgenfluoreszenzanalysatoren mit Radionuklidanregung gesammelt wurden, zeigen, daß es möglich ist, diese Analysatoren mit hoher Effektivität im Routinebetrieb einzusetzen. Es hat sich herausgestellt, daß sich die von der Konzeption her unterschiedlich aufgebauten Analysatoren gut ergänzen. So ist der Analysator ITRA 113 auch für die Bestimmung von Zinngehalten von 5 bis 10% einsetzbar, während der Analysator PAZ-P infolge kürzerer Meßzeiten sehr produktiv für die Bestimmung geringer Zinngehalte (0 bis 3%) eingesetzt werden kann.

Eingegangen am 24. 11. 1982

Literatur

[1] *E. Lehmann, G. Krüger,* Isotopenpraxis **15** (1979) 179

[2] Tabelle der Höchstwerte für den durchschnittlichen zufälligen Analysenfehler. Hrsg.: Staatliche Geologische Kommission 1959, Berlin

Isotopenpraxis 19 (1983) 6, S. 202 – 204

On Quantitative Autoradiography of Semiconductor Basic Material*)

H. C. Treutler, K. Freyer

(Academy of Sciences of the GDR, Central Institute for Isotope and Radiation Research Leipzig)[1])

It will be described methods of the quantitative evaluation of elements interesting in semiconductor technology and their distribution in silicon using autoradiographic techniques. The local concentration of the element phosphorus in dependence of their local distribution is determined with silver halide films. As standard samples silicon disks phosphorus diffused are used.

The distribution of the element boron and their local concentration is determined on the way of neutron induced autoradiography (NIAR). In this technique boron implanted or diffused silicon disks are used as standard samples. Different possibilities of the quantitative evaluation of autoradiograms will be considered and compared.

Keywords

autoradiography, boron, dielectric track detectors, phosphorus, photographic film detectors, semiconductor materials, silicon, uses

Introduction

The properties of semiconductors in their production and application depend on the type of dopants used, and their total amount and lateral and depth distribution. The most important dopant elements of silicon semiconductors are phosphorus (for n-doping) and boron (for p-doping). The distribution of these dopant elements in silicon determines the position of the p-n-junction.

The major analytical requirements for a distribution analysis of the elemental dopant concentration are

- high accuracy for concentration distribution laterally and with depth;
- high detection sensitivity and large dynamic range, since the local concentration of dopant elements ranges from about $5 \cdot 10^{21}$ to 10^{14} atoms/cm^3;
- high depth resolution of about 10 to 50 nm.

The most widely used methods of dopant analysis are the following:

1. Electrical measurements
   2-point resistance measurement
   4-point resistance measurement
2. Element analysis
   Neutron activation analysis
   Ion-probe microanalysis
   Autoradiography

By measuring the surface conductivity the electrically active fraction of the dopant elements near the surface is characterized. The depth distribution is determined by either lateral step-by-step measurement on samplespolished at a very small angle to the original surface or by repeated measurement of the surface conductivity after the chemical removal of defined surface layers of about 30 nm thickness produced by anodic oxidation. Both methods are very time-consuming and give integral results on more or less great areas only.

The major method for the determination of the elemental concentration and the concentration profiles is neutron-activation analysis (NAA). For boron the depth distribution can be obtained from the energy spectrum of the α-particles from the reaction $^{10}B(n, \alpha)^7Li$ [1, 2]. For phosphorus, repeated NAA measurements with the chemical removal of defined surface layers are necessary. The detection limits are about 10^{15} atoms/cm^2 for boron and about $5 \cdot 10^{14}$ atoms for phosphorus [3] referred to a neutron flux of 10^{13} n_{th}/cm^2 s. Also with this method only integral results can be obtained.

Another method of determining the elemental depth distribution of dopant elements is the use of ion-probe microanalysis (often referred to as secondary ion mass spectrometry — SIMS) [4, 5]. The basic advantage of this method is the very short time required to obtain an elemental depth profile. A disadvantage of this method is the high cost of an analysis. Further it is only possible to get information from areas of about 100 μm diameter with this method. That means it is necessary to make many analyses to obtain information about the lateral distribution of the elements, for instance on a silicon disk.

Autoradiographic methods are suited for the determination of the lateral distribution and the concentration profiles especially of the elements boron and phosphorus. In this paper two different autoradiographic methods for the quantitative determination of the lateral distribution and the concentration profiles of phosphorus and boron are presented — autoradiography with photographic emulsions and neutron-induced autoradiography.

Quantitative Autoradiography with Photographic Films

The autoradiographic methods with photographic films use the influence of ionizing radiation on the silver halide emulsion. For quantitative autoradiographic investigations use is made of the effect of linear proportionality between the fluency of ionizing particles per unit area and the density in the developed film. This proportionality extends to

*) Presented at the 2nd Working Meeting „Radioisotope Application and Radiation Processing in Industry", Sept. 28 – Oct. 1, 1982, Leipzig.

[1]) Address: 7050 Leipzig, Permoserstr. 15.

about the density 1 and depends on the type of autoradiographic film, the radionuclide used and the developing conditons.

To investigate the lateral and depth distribution of phosphorus in the semiconductor basic material silicon the samples are irradiated with thermal neutrons in the nuclear reactor. By the reaction $^{31}P(n, \gamma)^{32}P$ the phosphorus becomes radioactive. Other activities come from silicon by the reaction $^{30}Si(n, \gamma)^{31}Si$ and possibly from trace elements in the silicon, such as sodium or cupper. The half life times of the radionuclides of the trace elements are shorter than that of phosphorus-32 ($t_{1/2} = 14{\cdot}2$ d). The half life time of silicon-31 is 157 min. After a cooling time of about 10 days after the irradiation with thermal neutrons only the ^{32}P-activity is detectable. Then an autoradiogram of the lateral distribution of the phosphorus-32 is taken. For the determination of the depth distribution the sample is polished at a very small angle to the surface before taking the autoradiogram. Depending on the depth of the profile (diffusion or implantation) the polishing angle should be in the range of 1° to 0·0001°. The very small angles can be polished by ion beam etching [6, 7].

Two ways are possible to determine the relation between the density in the autoradiogram and the concentration distribution of phosphorus laterally or in depth in the sample.

The first way requires determining the dependence of the film density on the activity per unit area or the radiation fluency. This is possible by exposure of an absolutely graduated standard sample containing the adequate radionuclide for different times on the autoradiographic film. This connection between density and activity per unit area represented by the density curve depends on the film type and its production series, on the radionuclide and the conditions of development. On the basis of the activation parameters, i.e. neutron flux, activation time, activation cross section, the connection between the activity per unit area and the local concentration of the phosphorus can be calculated. But this possibility of determining the local elemental concentration is very inaccurate. The activation parameters and the density curve are not known exactly enough. An other problem is the depth distribution of the element and its influence on the density in the autoradiogram.

The second and more precise way to analyze the distribution of dopant elements in silicon semiconductors with autoradiographic methods is the use of standard samples. These are phosphorus-diffused silicon disks. The lateral distribution of phosphorus must be very homogeneous. The phosphorus concentrations per unit area in these standard samples will be determined by neutron activation analysis on a part of the disk. The homogeneity of the lateral distribution can be controlled autoradiographically. The activation of the silicon samples is combined with the activation of a standard sample. The activation time depends on the thermal neutron flux and the elemental concentration of phosphorus. After the activation it is necessary to wait for about 10 days. By the end of this time the radioactivity of the ^{31}Si of the silicon matrix and of possible trace elements has died away. Then the silicon samples and the standard sample will be exposed on the same sheet of autoradiographic film, for instance ORWO-AF3 or ORWO-TF14. With the equation

$$c_{ox} = \frac{D_x}{D_p} c_{op} \frac{1 - e^{-\lambda_p t_{exp}}}{1 - e^{-\lambda_p t_{exx}}} \qquad (1)$$

where D_x — density in the autoradiogram of the silicon sample
D_p — density in the autoradiogramm of the standard sample
c_{op} — concentration of phosphorus per unit area in the standard sample
t_{exp} — exposure time of the standard sample
t_{exx} — exposure time of the silicon sample
λ_p — decay constant of ^{32}P

the local concentration of phosphorus per unit area in the silicon sample, c_{ox}, will be calculated.

This second way to determine the relation between the density in the autoradiogram and the concentration of phosphorus in the sample has the advantage that it considers the influence of the activation parameters directly. The calculation of the element concentration is reduced to the quotient of the densities. It is also possible to determine concentration distributions of other elements with the aid of these phosphorus diffused standard samples. In this case it is necessary to consider the different conditions of the activation and the decay. The local concentration cse is calculated with the eqaution

$$c_{ox} = \frac{D_x}{D_p} K_x \frac{(1 - e^{-\lambda_p t_{exp}})(1 - e^{-\lambda_p t_1})\, e^{-\lambda_p t_2}}{(1 - e^{-\lambda_x t_{exx}})(1 - e^{-\lambda_x t_1})\, e^{-\lambda_x t_2}} \qquad (2)$$

where
t_1 — activation time
t_2 — time from the end of activation to the start of exposure
t_{exp} — exposure time of the standard sample
t_{exx} — exposure time of the silicon sample
λ_p — decay constant of ^{32}P
λ_x — decay constant of the radioisotope x.

The constant K_x must be determined with the aid of a standard sample into which the element x has diffused.

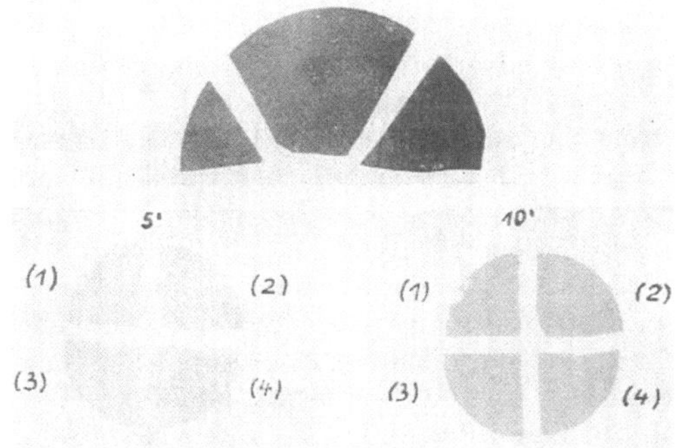

Fig. 1. Autoradiograms of a phosphorus diffused silicon disk and of the standard samples (1) ... (4)
exposure times: silicon disk 60 min
standard samples 5 min, 10 min

Fig. 1 shows an example of the quantitative determination of the local concentration and the lateral distribution of phosphorus diffused in silicon disks. The silicon disks and the standard samples were irradiated in the Rossendorf research reactor with a thermal neutron flux of about $1 \ldots 2 \cdot 10^{13}\ n_{th}/cm^2\,s$. The irradiation time was 92 hours. After a cooling time of 12 days and the cleaning of the surface by etching the silicon disks were exposed on autoradiographic film ORWO-AF3 for 60 minutes. On the same film sheet the standard samples were exposed for 5 and 10 minutes. As can be seen the lateral distribution in the silicon disks is inhomogeneous, in the standard samples it is nearly homogeneous. The densities in the autoradiograms were measured according to a given scheme. The densities in the autoradiograms of the standard samples were measured 10 times and the average was calculated. The standard samples contained $(5{\cdot}7 \pm 0{\cdot}4)\ 10^{17}$ phosphorus atoms/cm². With the aid of equation (1) the phosphorus concentrations per unit area were determined. They range from $1{\cdot}7$ to $4{\cdot}3 \cdot 10^{17}$ atoms/cm². The detection limit of this method is about $6 \cdot 10^{15}$ atoms/cm³, i.e. in the case of diffusion profiles with a depth up to 50 µm there is a detection limit of $3 \cdot 10^{13}$ atoms/cm². The mean error of these measurements is ±25% if the autoradiographic films are kept very clean and handled carefully.

Quantitative Neutron-induced Autoradiography

The autoradiographic determination of the lateral and depth distribution of boron with photographic films is not possible because there are no radioactive isotopes of boron with sufficiently long half-lives. A possible autoradiographic method for this problem is Neutron-Induced Autoradiography (NIAR). Using the reaction $^{10}B(n, \alpha)^7Li$ the emitted α-particles are registered by a solid state nuclear track detector (SSNTD), for instance Kodak-LR 115 or -CA 80-15. With a constant neutron fluency the relation between the track density in the SSNTD and the α-particles per unit area emitted from the sample is linear. So it is possible by the method of NIAR to determine the local concentration of boron in silicon laterally and in depth with the aid of a boron standard sample. The demands on the properties of this boron standard sample are the same as those for the phosphorus one: Homogeneous lateral distribution of boron, known boron concentration per unit area, a depth distribution similar to that in the boron sample under investigation. To determine the lateral distribution and local concentration of boron by this method it is necessary to consider the range of about 5 µm of the α-particles from this (n, α)-reaction in silicon. That means, only boron atoms with a maximum depth of 5 µm under the surface are detectable. Therefore it is important that the depth distribution of boron in the standard sample should be similar to that in the measured sample. The isotopic relation of ^{10}B to ^{11}B (naturally $19{\cdot}6$ to $80{\cdot}4$) must be the same in the standard and in the measured sample because only the boron-10 atoms will be measured.

With this boron standard samples or a set of samples of different boron concentrations the relation between the track density and the boron concentration per unit area can be determined. The measure for the boron concentration is the track density. With the values of the neutron fluency, of the measured track density and using the known relation between the track density and the boron concentration the local concentration of boron in a measured sample can be determined in a way similar to that of quantitative autoradiography on photographic films. The track density is determined using a microscope to count the tracks on a given area of the detector foil.

For the thermal neutron irradiation here a 3 mg-^{252}Cf-source was used. In a special irradiation equipment with water/heavy water moderation the thermal neutron flux amounts to $1 \ldots 2 \cdot 10^7\ n_{th}/cm^2\,s$. The advantage of the neutron irradiation by means of a Cf source is the constancy of the flux. The neutron fluency of an irradiation depends only on the irradiation time which is measurable very exactly. For this reason it is not necessary to use a standard sample for each exposure.

With a 3 mg ^{252}Cf neutron source the detection limit is about 10^{16} atoms/cm³, the detection depth extends to 5 µm. The mean error of this measurement is ±20% [8] if boron-diffused silicon disks are used. Figure 2 shows the track autoradiograms of two silicon disks with lateral homogeneous (2a) and with lateral inhomogeneous (2b) boron distribution. The results of the concentration measurements along a diameter of each disk are shown in Fig. 3.

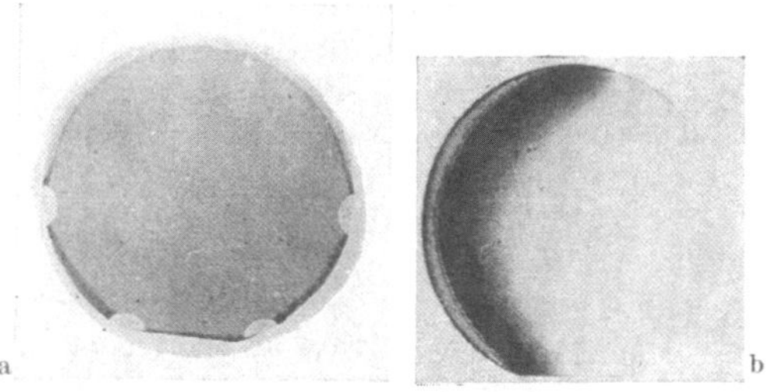

Fig. 2. Track autoradiograms of silicon disks with a) lateral homogeneous (sample 1) and b) lateral inhomogeneous (sample 2) boron distributions

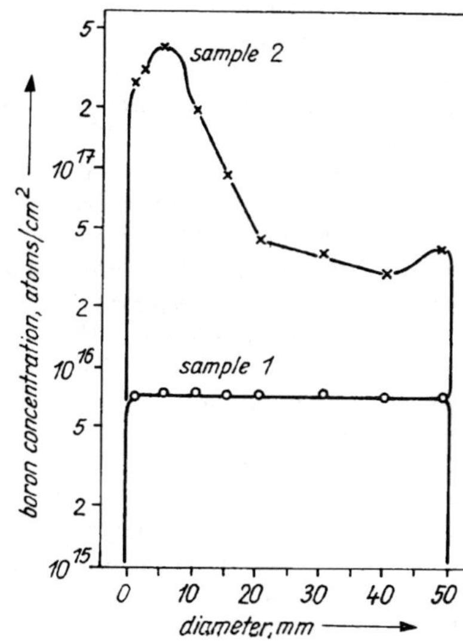

Fig. 3. Boron concentration along a diameter of the disks (cp. Fig. 2)

Received September 16, 1982

References

[1] *J. Bogáncs, J. Gyulai, Á. Nagy, A. Szabó, T. Zanati*, Radiochem. Radioanal. Letters **32** (1–2) (1978) 71

[2] *Á. Nagy, J. Bogáncs, J. Gyulai, A. Csöke, V. Nazarov, Z. Seres, A. Szabó, Yu. Yazvitsky*, J. Radioanal. Chem. **38** (1977) 19

[3] *J. Flachowsky, K. Freyer*, ZfI-Mitt. **39** (1981) 79

[4] *G. Schwarz* u. a., Phys. stat. sol. (a) **17** (1973) 653

[5] *R. Schimko, C.-E. Richter, K. Rogge* u. a., Proc. 3. Arbeitstagung Mikrosonde, Berlin 1975, S. 121

[6] *T. Bardo, F. Bigl, A. Schindler, R. Fechner*, DDR-WP 138 589 (1979)

[7] *K. Freyer, H. C. Treutler, F. Bigl, J. Flachowsky*, DDR-WP 145 795 (1981)

[8] *K. Freyer, H. C. Treutler, G. Somogyi, Zs. Varga*, J. Radioanal. Chem. **56** (1980) 113

Isotopenpraxis 19 (1983) 6, S. 205–206

Kurze Originalmitteilungen

Использование жидких сцинтилляторов для измерения активностей образцов сплавов металлов меченых радиоизотопами

М. Радван, А. Пшибыльска, Е. Мыковска

(Познаньская политехника — Институт рабочних машин)[1]

Keywords

liquid scintillators; low level counting; sample preparation

Индикаторные радиоизотопные методы применяют в металлургии для исследования кинетки технологических процессов, а также для составления баланса элементов, участвующих в тех же процессах. Определение активностей индикатора, находящегося в меченом материале, проводят путём измерения эмитированного излучения. Это измерение проводят либо через стенки печей, резервуаров и т. п. оборудования, либо непосредственно из избранных образцов. В первом случае активность индикатора должна быть значительной, чтобы в связи с фактом сильной абсорбции излучения в материале, а также в стенках оборудования, была измеримой интенсивность излучения. Во втором случае можно применять индикаторы с более низкими активностями, а также радиоизотопы, эмитирующие лишь излучение β (имеющее, например, значение в металлургии железа P и S). Дополнительным достоинством этого является то, что благодаря применению малых активностей угроза среде, загрязнение продуктов, а также использованные расходы значительно меньшие. Если в первом случае измерение интенсивности излучения проводят конвенциональными детекротами, оснащёнными иногда соответственными коллиматорами, то во втором случае существующие до сих пор способы не всегда обеспечивают наилучшую производительность измерения активностей индукатора, находящегося в металлическом штампе. Применяемые часто измерительные системы, оснащенные счётчиками *ГМ* в защитах антисовпадения, обеспечивают во время измерения низкий фон, но геометрия измерения не превышающая 2π, не обеспечивает требуемой большой производительности измерения. Это очень важный вопрос, так как из-за большого разбавления индикатора, активность образцов очень мала и измерения следует проводить на уровне существующего фона. Анализ этого вопроса показал, что в этого типа измерениях наиболее удобной является техника жидких сцинтилляторов, которая в металлургических опытах не распространена из-за трудностей, выступающих при введении активного образца в жидкий сцинтиллятор. Она обеспечивает геометрию 4π и производительность ряда 100% для излучения β (около 80% радионуклидов распадается путём преобразования β). Возникал из-за этого необходимость разработки процессов выделения радиоактивных изотопов, являющихся индикаторами тех же материалов и их переработки в вид, который даёт возможность измерения в жидких сцинтилляторах с производительностью приближенной к 100%. Принята следующая концепция метода:

1. Из большого объёма материала (сплавы, продукты исследованного процесса) отбирают опытный образец.
2. Отобранную навеску образца растворяют в неорганических кислотах.
3. Содержащийся в водяной фазе радиоактивный индикатор материала комплексуют соответственным органическим реактивом, а затем путём экстракции сводят к толуолу, который является растворителем сцинтиллятора.
4. Полученную органическую фазу, содержашую радионуклид, в соответственном отношении вводят в сцинтилляционный раствор, с желательной интенсивностью люминофоров.
5. Измерительный сосуд, содержащий измерительный образец, располагают между двумя фотоумножителями, работающими в системе совпадения.
6. Измерение активности радионуклида проводят в точно определённом энергетическом диапазоне спектра этого радиозотопа.

В случае существования большого объёма водяного раствора образца (большая масса растворенного образца) вместо операции 3 можно применять концентрирование исследованного элемента на ионообменной колонке. Это позволяет измерять малые активности, когда радионуклид рассеян в большом объёме жидкости.

Предложенный метод проверяют разрабатывая методику выделения разных элементов из стали, сплавов меди и подшипниковых сплавов, т.е. материалов чаще всего применяемых в технике, табл. 1. Из сплавов меди выделен фосфор, железо, мымшьяк и сурьма, соответственно меченые ^{32}P, ^{59}Fe, ^{76}As, ^{124}Sb Из сплавов железа: молибден,' вольфрам, никель, соответственно меченые ^{99}Mo, ^{185}W, ^{63}Ni.

Из подшипникового сплава: сурьма и олово в присутствии ^{124}Sb и ^{113}Sn, потом измерялась их активность в жидком сцинтилляторе. Стремясь к измерениям очень малых активностей радионуклидов, наше внимание концентрировалось на подборе соответственных агентов, необходимых для переводанного элемента и его радионуклидов в органическую фзау, при соблюдении,

[1]) Anschrift: 60-965 Poznań, ul. Piotrowo 3, VR Polen

Табл. 1.

Вид сплава	Элемент и его радиоизотоп	Комплексующее соединение	Экстрагент	Полученная производительность исчисления*)
Сплав меди	фосфор ^{32}P	метилизобутил-кетон	толуол	88%
	железо, ^{59}Fe	три-н-октилоамин	толуол	85%
	мышьяк, ^{76}As	ксантогенат калия	толуол	76%
	сурьма, ^{124}Sb	ксантогенат калия	толуол	85%
Сплав железа	молибден, ^{99}Mo	три-н-октило-амин	толуол	по отношению к редисольву 95%**)
	вольфрам, ^{185}W	три-н-бутило-фосфат	толуол	по отношению к редисольву 94%
	никель ^{63}Ni	диметилглиоксим	толуол	80%
Подшипниковый сплав	сурьма, ^{124}Sb	ксантогенат калия	толуол	95%
	олово, ^{113}Sn	кислота ди/2-этило-гексило-фосфорная	толуол	68%

*) в приборе LS-100 C Бекман
**) производительностьэкстракции

чтобы они не влияли понижающе на производительность измерений.
И поэтому:

1. Подбирали химическое соединение, дающее бесцветный или слабо окрашенный комплекс.
2. Была обеспечена полная растворимость комплекса в экстрагенте.
3. Для ограничения количества вводимых компонентов в жидкий сцинтиллятор, был применён экстрагент, являющийся его основой, напр. толуол.

Разработанные нами техники подготовки измерительных образцов учитывали вышеуказанные условия.

Пользуясь сцинтилляционным β-спектрометром LS-100C определили самые благоприятные условия измерения активностей отдельных нуклидов.

Результаты измерений активностей некоторых радионуклидов, после проведения экстракции в присутствии других элементов, входящих в состав стали сплавов, показали некоторое производительности измерения. Оно, по всей вероятности, вызывается присутствием загрязнений, тушующих сцинтилляции.

Для подтверждения того, какие факторы вызывают тушение, проведены исследования тушения сцинтилляции с растворенными в ней очередно солями загрязнений, входящими в состав исследованного образца. Установлено, напр., что после растворения стали кислотой и подвержения экстракции, следует, прежде всего, избегать возможности проникновения в экстракт солей хрома или железа, которые выше концентрации $1 \cdot 10^{-5}$ Fe или же Cr, вызывают понижение производительности измерения до 10%, а при концентрации $2 \cdot 10^{-4}$ даже до 50% — например при измерении изотопа ^{63}Ni. Присутствие же в экстракте таких элементов как Mn, Ni, Co, Cu, не влияет значительным образом на производительность измерения. Разработанные техники подготовки измерительных образцов, между прочем, применены для исследования профиля диффузии никеля в перлитной стали N9E[3]. Никель имеет особое значение для преобразования аустенит — мартензит и поэтому его диффузия в перлитной стали (в аустените с перлитным составом) имеет столь большое значение. До сих пор исследование диффузии никеля в стали было очень трудным, так как кроме радиоизотопного метода, другие методы не позволяют на

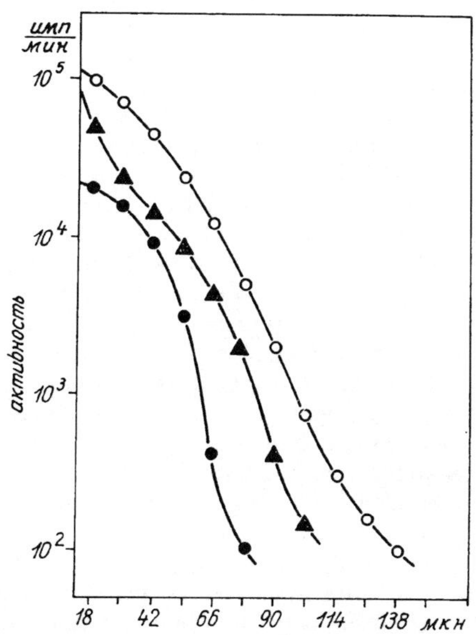

Рис. 1. Расстояние от диффузионного источника
● — темература 920 °C, 3 ч; ▲ — 920 °C, 8 ч; ○ — 920 °C, 13 ч

точное измерение содержания никеля в зависимости от расстояния от источника диффузии. Применение ^{63}Ni к таким исследованиям было почти невозможным в связи с выступающими до сих пор трудностями измерения низкоэнергетических частиц β, эмитированных ^{63}Ni, содержащимся в снятых слоях металла.

В проведенных нами исследованиях профиля диффузии применена техника снятия слоёв при помощи микротома для металлов (тип KM-R. Jung AG) определение же активностей так снятого слоя было проведено путём выделения никеля комплексированием диметилглиоксимом и экстрагированием толуолом.

Результаты исследований в виде профиля диффузии показаны на рис. 1.

Поступила в редакцию 17/X, 1982 г.

Литература

[1] *Donald L. Horrocks*, Applications of liquid scintillation counting, New York — London: Academic Press 1974

[2] *A. Kameński*, Scyntylatory ciekłe i ich zastosowania, Ośrodek Informacji o Energii Jądrowej, Warszawa 1976

[3] *M. Radwan* i in., International Journal of Applied Radiation and Isotopes **32** (1981) 97

Isotopenpraxis 19 (1983) 6, S. 207 – 208

Electrophilic Heteroaromatic Substitutions. VII. Side-Chain Hydrogen-Deuterium Isotopic Exchange in 3.4.5-Tri- and 1.3.4.5-Tetrasubstituted 2-Methylpyrroles[1])

A. Curulli, G. Sleiter[2])

(Centro di Studio C.N.R. sui Meccanismi di Reazione, Roma, Italy)

Keywords

deuterium; isotopic exchange; labelled compounds; nuclear magnetic resonance; pyrroles

According to a recent literature report [1], hydrogen isotope exchange at methyl groups attached to a pyrrole nucleus seems to not occur, even in strong acid. Furthermore, to the best of our knowledge, no method has been described so far which allows the preparation of pyrrole derivatives bearing deuterium- or tritium-labelled alkyl side chains.

We recently found [2] that in aqueous acetic acid α-methylpyrroles 1 and 2 smoothly undergo reversible α-side-chain aminomethylation in a general-acid catalysed process, probably involving the intermediate formation of an α-methylenepyrroline, which would be the species actually undergoing electrophilic attack by the Mannich reagent.

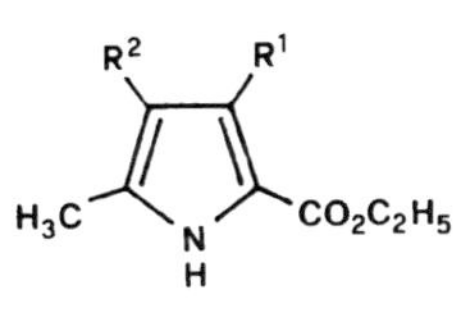

1

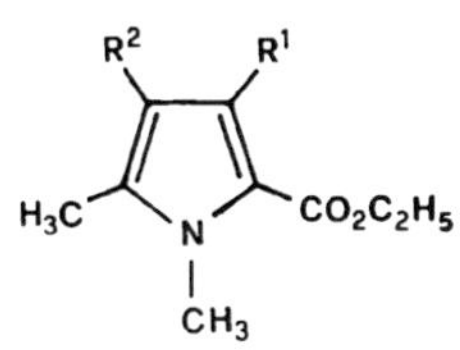

2

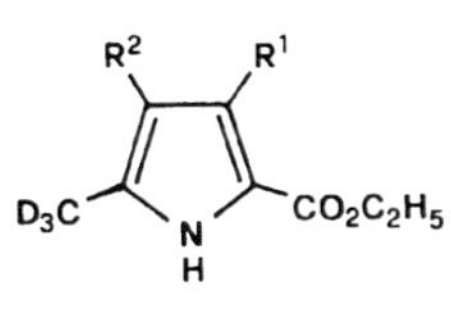

3

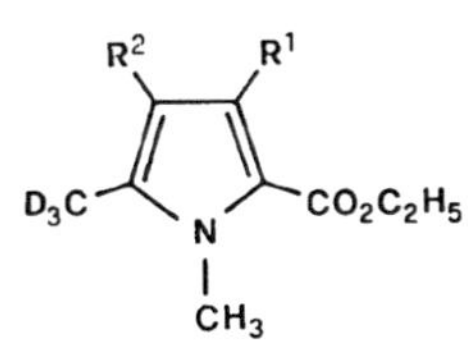

4

a: $R^1 = R^2 = CH_3$
b: $R^1 = C_2H_5$, $R^2 = CH_3$
c: $R^1 = CH_3$, $R^2 = Br$

a: $R^1 = R^2 = CH_3$
b: $R^1 = CH_3$, $R^2 = CO_2C_2H_5$
c: $R^1 = CH_3$, $R^2 = Br$

In order to gain some experimental evidence in favour of the preceding hypothesis, we thought it appropriate to ascertain whether also isotope exchange would occur under the conditions of the Mannich reaction.

This was found to be indeed the case. On heating pyrroles 1 and 2 at 90 °C in 94:6 $CD_3CO_2D - D_2O$, plain exchange of the α-methyl hydrogens took place, as shown by following the progress of the reaction by ^{1}H-NMR spectroscopy. Mass-spectroscopic analysis of the isolated reaction products revealed that virtually complete exchange could be achieved in most cases by simply repeating the exchange reaction (Tab. 1).

Tab. 1. α-Side-chain hydrogen-deuterium isotopic exchange of α-methylpyrroles 1 and 2[a])

Pyrrole	% Exchange after 24 h	t_2, h[b])	Product (m.p., °C)
1a	77	12	3a (126 – 127)
1b	80·5	12	3b (96 – 97)
1c	78·5	16	3c (149 – 150)
2a	90	6	4a (39 – 40)
2b	40[c])	–	4b
2c	90·5	6	5b (62 – 63)

[a]) in 96:4 $CD_3CO_2D - D_2O$ at 90 °C; [b]) time required in the second exchange to achieve complete (>99 %) deuteriation; [c]) after 700 h.

It is also worth noting that the success in preparing α-trideuteriomethylpyrroles allowed us to remove some ambiguities as yet existing [3] in the assignment of the ^{1}H- and ^{13}C-NMR signals due to the 3- and 5-methyl groups of ethyl 3,5-dimethyl-pyrrole-2-carboxylates. The correct assignments for pyrroles 1 and 2 are reported in Tab. 2.

Experimental

Pyrroles 1 and 2 were prepared by literature methods (see ref. [2]). For the exchange experiments, 0·5 mmol of the pyrrole was dissolved in a mixture of 2·5 ml of CD_3CO_2D (99·9%, Carlo Erba) and 0·15 ml of D_2O (99·9%, Carlo Erba) in an NMR tube, which was sealed and immersed in a constant-temperature bath held at 90 °C. All the experiments were performed under dry argon and in a dark-room due to the sensitiveness to light of the pyrroles in acid solution. After 24 h (700 h in the case of pyrrole 2b), the tubes were removed from the bath, chilled, and the ^{1}H-NMR spectrum

[1]) Part VI: The reaction of some 3,4,5-tri- and 1,3,4,5-tetrasubstituted 2-methylpyrroles with *Mannich* reagents [2]

[2]) To whom correspondence should be addressed at the: Istituto di Chimica Organica, Università di Roma, P. le Aldo Moro 2, I-00185 Roma (Italy)

Tab. 2. ¹H- and ¹³C-NMR spectral data for pyrroles 1—4[a])

Pyrrole	¹H-NMR Substituent at		¹³C-NMR Substituent at	
	C(3)	C(5)[b])	C(3)	C(5)[c])
1 a	2·23	2·17	11·33	10·47
1 b	1·05 (CH_3) 2·60 (CH_2)	2·10	15·13 (CH_3) 18·64 (CH_2)	11·32
1 c	2·20	2·10	12·96	12·01
2 a	2·20	2·18	11·70	10·76
2 b	2·30	2·10	12·77	11·91
2 c	2·20	2·10	13·16	11·41

a) Chemical shifts in δ [ppm] downfield from TMS internal standard; solvent $CDCl_3$. For conciseness only the chemical shifts of the signals due to the substituents at C(3) and C(5) of the pyrrole nucleus are given; full spectral data for pyrroles 1 and 2 are reported elsewhere [2]; b) these signals are lacking in the ¹H-NMR spectra of pyrroles 3 and 4; c) these signals are split in the decoupled ¹³C-NMR spectra of pyrroles 3 and 4.

registered (JEOL C-60 HL instrument). In order to determine the deuteriation degree (Tab. 1), the reaction mixture was poured into saturated aqueous $NaHCO_3$ and the precipitate extracted with ether. The residue obtained from the dried (Na_2SO_4) extracts was then subjected to mass-spectroscopic analysis (AEI MS 12 apparatus, 70 eV). To achieve complete deuteriation of the α-methyl groups, the exchange was repeated under identical conditions, registering the ¹H-NMR spectrum of the reaction mixture at suitable time intervals until disappearance of the singlet attributable to the α-methyl hydrogens. After mass-spectroscopic analysis ,the α-trideuteriomethylpyrroles 3 and 4a, c were characterised by their melting points and ¹³C-NMR spectra (Bruker WP200 instrument) (Tab. 1 and 2), which agreed with those of the analogous α-methyl compounds.

Acknowledgments

The assistance of Mr. *G. Frachey* and of Mr. *A. Santi* in recording the ¹H-NMR and the mass spectra, respectively, is gratefully acknowledged. The ¹³C-NMR spectra were registered at the Servizio NMR dell'Area della Ricerca di Roma, Montelibretti.

Received October 29, 1982

References

[1] *R. S. Alexander, A. R. Butler*, J. Chem. Soc., Perkin Trans. 2 **1980**, 110

[2] *A. Curulli, M. T. Giardi, G. Sleiter*, Gazz. Chim. Ital. in press

[3] *R. J. Abraham, R. D. Lapper, K. M. Smith, J. F. Unsworth*, J. Chem. Soc., Perkin Trans. 2 **1974**, 1004

Isotopenpraxis **19** (1983) 6, S. 208 – 210

Aus der Praxis

Erfahrungen mit dem emissionsspektrometrischen ¹⁵N-Analysator NOI-6

Keywords

emission spectroscopy; isotope ratio; nitrogen 15; stable isotopes

Seit mehr als 20 Jahren besitzt das Zentralinstitut für Isotopen- und Strahlenforschung Leipzig der Akademie der Wissenschaften der DDR Erfahrungen bei der Entwicklung und Konstruktion von emissionsspektrometrischen ¹⁵N-Analysatoren [1]. Ein neues Gerät auf diesem Gebiet, der ¹⁵N-Analysator NOI-6, wurde während des Zeitraumes eines Jahres unter routinemäßigen Bedingungen betrieben. Mit diesem halbautomatischen Gerät, dessen Funktionsweise ausführlich bei *Meier* und *Mauersberger* [2] beschrieben ist, läßt sich die ¹⁵N-Häufigkeit sowohl nach probenchemischer Umarbeitung per Hand in abgeschmolzenen Entladungsrohren als auch direkt in wäßriger Ammoniumchloridlösung durch ein integriertes Probenumarbeitungssystem bestimmen. Im folgenden sollen die Erfahrungen, die bei der Nutzung dieses Analysators im Routinebetrieb gemacht wurden, kurz beschrieben werden.

Zur Einschätzung des Meßfehlers des Gerätes wurden Testanalysen über mehrere Monate mit verschiedenen ¹⁵N-Häufigkeiten und Probenmengen durchgeführt, wobei der gewählte Häufigkeitsbereich dem sehr vieler biologischer Proben entspricht. Die Mittelwerte, die Standardabweichung und die Richtigkeit der Analysen sind in Tab. 1 dargestellt. Es ist zu erkennen, daß sämtliche Werte der emissionsspektrometrischen Isotopenanalyse bei einer optimalen Probenmenge von 10 μg N eine sehr gute Reproduzierbarkeit (relative Standardabweichung 2 bis 3%) besitzen, die Richtigkeit der Werte liegt zwischen −2,5 und +2,5%. Dies bedeutet eine für biologische Fragestellungen hinreichende Genauigkeit. Der relative Fehler für eine Doppelbestimmung hält sich in den gleichen Grenzen, bei Proben nahe der natürlichen ¹⁵N-Häufigkeit steigt der Fehler an.

Der Einsatz von Stickstoffmengen, die größer sind als die für das Gerät geforderte optimale Menge von 10 μg N/25 μl Lösung, hatte bis zur Messung von 50 μg N/25 μl Lösung keinen wesentlichen Einfluß auf die Reproduzierbarkeit und Richtigkeit der ¹⁵N-Isotopenanalyse (Tab. 2). Dagegen zeigen die ¹⁵N-Analysenwerte, die bei N-Mengen von 5 μg/25 μl Lösung gefunden wurden, offenbar infolge Isotopenverdünnung Abweichungen zwischen −5 und −9% vom richtigen Wert (Tab. 3).

Tab. 1. Richtigkeit und Reproduzierbarkeit der mit dem NOI-6 bestimmten ^{15}N-Häufigkeit von Eichlösungen (NH_4Cl; 10 µg N/25 µl)

^{15}N-Häufigkeit der Eichlösung At.-%	Zahl der Messungen[1]) n	Mittelwert $\bar{x}$ At.-%	Standard abweichung s	rel. Standard-abweichung s_{rel} %	Richtigkeit %
0,365	69	0,356	±0,0085	2,4	−2,5
0,70	62	0,691	±0,012	1,7	−1,3
1,00	58	0,997	±0,016	1,6	−0,3
2,00	56	2,014	±0,036	1,8	+0,7
3,00	63	3,01	±0,08	2,6	+0,3
4,00	59	4,078	±0,10	2,4	+2,2
5,00	51	5,13	±0,097	1,9	+2,6

[1]) Zeitraum von 6 Monaten

Tab. 2. Richtigkeit und Reproduzierbarkeit der mit dem NIO-6 bestimmten ^{15}N-Häufigkeit von Ammoniumchloridlösungen (50 µg N/25 µl)

^{15}N-Häufigkeit der Lösung At.-%	Zahl der Messungen n	Mittelwert $\bar{x}$ At.-%	Standard-abweichung s	rel. Standard-abweichung s_{rel} %	Richtigkeit %
0,365	10	0,35	±0,005	1,3	−4,1
0,70	10	0,689	±0,084	1,2	−1,6
1,00	10	0,986	±0,012	1,2	−1,4
2,00	10	1,964	±0,024	1,2	−1,8
3,00	10	2,916	±0,06	2,0	−2,8
4,00	10	3,98	±0,03	0,75	−0,5
5,00	10	4,914	±0,08	1,65	−1,7

Tab. 3. Richtigkeit und Reproduzierbarkeit der mit dem NIO-6 bestimmten ^{15}N-Häufigkeit von Ammoniumchloridlösungen (5 µg N/25 µl)

^{15}N-Häufigkeit der Lösung At.-%	Zahl der Messungen n	Mittelwert $\bar{x}$ At.-%	Standard-abweichung s	rel. Standard-abweichung s_{rel} %	Richtigkeit %
0,365	10	0,359	±0,007	2,0	−1,6
0,70	10	0,663	±0,008	1,2	−5,3
1,00	10	0,938	±0,014	1,5	−6,2
2,00	10	1,872	±0,039	2,1	−6,4
3,00	10	2,736	±0,039	1,4	−8,8
4,00	10	3,71	±0,086	2,3	−7,3
5,00	10	4,59	±0,097	2,1	−8,2

Zur Kontrolle der Funktionssicherheit des Gerätes ist zu empfehlen, zu Beginn eines Meßtages ca. 10 Doppelbestimmungen (entspricht etwa 10% der Gesamtanalysenzahl) von Eichlösungen des interessierenden ^{15}N-Häufigkeitsbereiches durchzuführen. In unserem Fall betrug zum Zwecke statistischer Untersuchungen der Anteil der Eichanalysen an der Gesamtzahl der analysierten Proben (über 6000 Proben/Jahr) ca. 30%. Bei einer durchschnittlichen Auslastung des Gerätes von 7 h/Meßtag wurden ca. 100 Proben/Meßtag analysiert. Diese Probenzahl reflektiert aber nicht das maximale Leistungsvermögen des Analysators. Die bisher höchste Zahl von ^{15}N-Analysen liegt bei etwa 20 Proben/h. Schließt man sämtliche Vorbereitungs- und Justierarbeiten (Spülzeit, Einpipettieren der Proben, Gläschen waschen, Trockenrohrwechsel, Justieren der Tastimpulse) ein, so beträgt die durchschnittliche Analysenzeit einer Probe 3–4 Minuten.

Eine Grobabschätzung des zum Betreiben erforderlichen Heliums (He R40) ergab einen Durchschnittsverbrauch von 10,8 He/h. Nach Beseitigung anfänglicher gerätebedingter

Störungen arbeitete der ^{15}N-Analysator NOI-6 zuverlässig. Etwa 10% der Zeit wurde für Reperaturen und Wartung verbraucht.

Der Vorteil des Gerätes besteht in der relativ kurzen Einlaufzeit, so daß auch kleinere Probenzahlen sehr rasch gemessen werden können. Ein weiterer wesentlicher Vorteil dieser neuen Analysentechnik liegt in der kleinen Probenmenge. Das ist von besonderer Bedeutung für die Isotopenanalyse von Proben nach biochemischen Fraktionierungen [3]. Gegenüber dem ^{15}N-Analysator NOI-5, der für die Isotopenanalyse ebenfalls 10 μg N benötigt, kann durch die integrierte Probenchemie des NOI-6 etwa das Fünffache der Probenzahl pro Zeiteinheit analysiert werden.

R. Reinhardt, K. Jung, H. Faust
Zentralinstitut für Isotopen- und Strahlenforschung der AdW der DDR,
7050 Leipzig, Permoserstr. 15

Eingegangen am 26. 11. 1982

Literatur

[1] *K. Wetzel*, Isotopenpraxis **10** (1974) 85
[2] *G. Meier, K. Mauersberger*, Isotopenpraxis 18 (1982) 164
[3] *H. Faust, H. Bornhak, K. Hirschberg, K. Jung, P. Junghans, P. Krumbiegel, R. Reinhardt*, ZfI-Mitt. (1981) 36

Isotopenpraxis **19** (1983) 6, S. 210 – 214

Informationen

Harwell. A three-year programme to develop new materials for gas sensors has been established by the Materials Engineering Centre (MEC) at Harwell. The ultimate aim of the programme is to improve industrial safety and process control, and reduce environmental pollution.

At present, the full potential of microprocessors for industrial and environmental control is severely constrained by the lack of suitable gas-sensitive materials for the sensing element. The emphasis of the Harwell programme will be on the development of discriminating, low cost and reliable sensor materials for industrial and process gases such as hydrogen, carbon monoxide, ammonia and oxides of nitrogen and sulphur. More than 200 materials and novel sensor concepts will be evaluated during the three-year programme. (Atom 308 – 1982)

Harwell. Harwell is producing a radioactive gold isotope – ^{195m}Au – for use in the diagnosis of heart disease: production techniques have been developed in collaboration with the Western Infirmary, Glasgow and St Bartholomew's Hospital, London. The new isotope is providing a major advance in the development of standard diagnostic tests for coronary heart disease. Such tests will be used to screen patients and thus restrict the use of potentially traumatic catherisation techniques to patients requiring surgery.

The ^{195m}Au, a gamma emitter with a half-life of only 30·5 seconds, is used in a technique known as 'single pass nuclear angiography' for investigating the dynamics of the heart. This starts with the injection of a small amount of radioactive material into the blood stream; as the labelled blood cells pass through the vessels of the heart, the gamma emissions are imaged using a gamma 'camera' which takes up to 60 pictures per second. These pictures give a 'video' record of the heart beating and information on its operation and efficiency.

The use of ^{195m}Au has major advantages over that of ^{99m}Tc (half-life 6·10 h) which has also been used in single pass angiography. With a half-life of only 30·5 seconds, the activity of ^{195m}Au decays away completely after a few minutes; tests can therefore be repeated at short intervals, e.g. to monitor the heart's performance after exercise or to assess its response to drugs. In addition, the use of ^{195m}Au reduces by 20 times the whole body radiation dose associated with the use of ^{99m}Tc.

The ^{195m}Au is produced at Harwell in a Hg–Au generator. Natural gold is bombarded with protons from Harwell's Variable Energy Cyclotron to produce small quantities of ^{195m}Hg, which is extracted from the gold target and transferred to anion exchange column. ^{195m}Hg decays to form ^{195m}Au, which is easily washed from the ion exchange column for immediate diagnostic use. Within two or three minutes the decay of the mercury isotope restores the production equilibrium and a new batch of ^{195m}Au is available for use. Production continues until the ^{195m}Hg (half-life 40 h) has decayed away.

Clinical studies using ^{195m}Au are being carried out at the Western Infirmary and St Bartholomew's Hospital. Coronary heart disease is the major cause of death in Western Scotland and angiographic techniques using ^{195m}Au will play a key role in a research programme on the early detection of heart troubles. The technique will also be used in assessing the effects of new drug treatments for the heart. (Atom 310 – 1982)

IAEA. In Anbetracht der wichtigen Rolle der Energie in aller Welt und in der Erwartung, daß die gesteuerte Kernverschmelzung eine unerschöpfliche Energiequelle erschließen wird, fördert die IAEA den internationalen Austausch wissenschaftlich-technischer Informationen über einschlägige Forschungen.

Die von der Organisation alle zwei Jahre veranstalteten Konferenzen über Forschungen auf dem Gebiet der Plasmaphysik und der gesteuerten Kernverschmelzung sind ein anerkanntes Forum für den Informationsaustausch unter den auf diesem Gebiet tätigen Wissenschaftlern.

Die 9. Internationale Konferenz über Forschungen auf dem Gebiet der Plasmaphysik und der gesteuerten Kernverschmelzung fand 1982 in Baltimore, Maryland, USA, statt. Die früheren Konferenzen über das Thema wurden 1961 in Salzburg, 1965 in Culham, 1968 in Nowosibirsk, 1971 in Madison, 1974 in Tokio, 1976 in Berchtesgaden, 1978 in Innsbruck und 1980 in Brüssel veranstaltet.

Die Fortschritte der Forschungsarbeiten über Kernverschmelzung und verwandte Themen, die mit Hilfe der derzeit im Bau befindlichen großen Versuchsanlagen erlangten Ergebnisse und die umfangreichen technischen Arbeiten über die Konstruktion von Fusionsreaktoren können verhältnismäßig bald zu einer Demonstration der Energiegewinnung durch Kernverschmelzung führen. Um diese Bestrebungen zu unterstützen, fördert die IAEA die einschlägige internationale Zusammenarbeit in verschiedener Form. Die dabei erzielten Ergebnisse, das heißt, die Fortschritte der Internationalen Arbeitsgruppe über Tokamak-Reaktoren (INTOR) werden auf den Konferenzen erläutert. In Arbeitsgruppen erörtern Wissenschaftler aus Fusionsforschungszentren in aller Welt, welche Schritte zur Erstellung eines internationalen Laboratoriums mit einer größeren Fusionsanlage zu unternehmen wären, um die Energiegewinnung durch Kernverschmelzung zu demonstrieren und eine Anlage zur Erprobung der nötigen technischen Einrichtungen zu schaffen.

Die technischen Ziele von INTOR sind das Zustandekommen einer Zündung (eines brennenden Plasmas), die Erprobung der für den Reaktorbau wichtigen Techniken und die Erzeugung einer gewissen Elektrizitätsmenge.

Besondere Beachtung finden auf den Konferenzen die plasmaphysikalischen Probleme, die für Fortschritte zur Energiegewinnung durch gesteuerte Kernverschmelzung wichtig sind. Hauptthemen der Konferenzen sind traditionsgemäß:

- Magnetische Einschließungssysteme (offene und geschlossene), unter anderem Tokamaks, Spiegel, Systeme mit niedrigem und hohem Beta;
- Systeme für inertialen Einschluß, unter anderem durch Laser- und Teilchenstrahlen ausgelöste Fusionsvorgänge;
- die Physik des Verhaltens von Plasmen, unter anderem Erzeugung, Erhitzung und Stabilisierung;
- Konzepte für Fusionsreaktoren und einschlägige wissenschaftlich-technische Probleme.

Neben den traditionellen Verfahren zur Erreichung der für die gesteuerte Kernverschmelzung gesetzten Ziele werden auch immer neuartige Ideen erörtert.

(IAEA-Presseinformation)

IAEA. Der Wissenschaftliche Beirat der IAEA berät den Generaldirektor und den Gouverneursrat hinsichtlich der wissenschaftlichen Zielsetzung und Orientierung des Arbeitsprogramms der Organisation. Er besteht aus prominenten Wissenschaftlern verschiedener Disziplinen, die so ausgewählt werden, daß die IAEA ausgewogene Ratschläge von führenden Vertretern der Wissenschaft in aller Welt erhält; die meisten von ihnen waren in leitender Stellung an verschiedenen einzelstaatlichen Forschungs- und Entwicklungsprogrammen beteiligt oder im Bereich der nuklearen Sicherheit tätig.

Mit Zustimmung des Gouverneursrates hat Generaldirektor Dr. *Hans Blix* am 18. 9. 1982 die Bestellung der folgenden fünfzehn Mitglieder des Beirates auf drei Jahre bekanntgegeben:

- *Karl Beckurts* (Bundesrepublik Deutschland): Vizepräsident und Mitglied der Geschäftsleitung der Siemens AG; früher Direktor der Kernforschungszentren Karlsruhe und Jülich.
- *Dan Beninson* (Argentinien): Direktor für Betriebsbewilligungen für Kernanlagen bei der Argentinischen Atomenergie-Kommission; früher Sekretär des Wissenschaftlichen Ausschusses der Vereinten Nationen über die Wirkungen atomarer Strahlen.
- *Abdelwahab Bennini* (Algerien): Generaldirektor des Zentrums für Wissenschaft und Kerntechnik; früher Leiter der Forschungs- und Entwicklungslaboratorien der Gesellschaft für geologische Forschung und Uran (SONAREM).
- *Floyd Culler* (USA): Präsident des Forschungsinstitutes für Elektrizität in Palo Alto; früher Stellvertretender Direktor des Oak Ridge National Laboratory.
- *Herbert Dunster* (Großbritannien): Direktor der staatlichen Strahlenschutzbehörde; früher stellvertretender Generaldirektor für Strahlenschutz und Direktor für nukleare Sicherheit.
- *Guillermo Fernandez de la Garza* (Mexiko): Exekutivdirektor des mexikanischen Forschungsinstitutes für Elektrizität; früher Stellvertretender Direktor für infrastrukturelle Projekte zur Organisation neuer Zentren für Forschung und Technik im Mexikanischen Rat für Wissenschaft und Forschung.
- *Luis Gutierrez Jodra* (Spanien): Mitglied des Rates für Nukleare Sicherheit; früher Direktor für Kernbrennstoffe des Spanischen Rates für Kernenergie und Professor für die physikalische Chemie industrieller Prozesse an der Universität Madrid.
- *Jon Jennekens* (Kanada): Präsident der Aufsichtsbehörde für Atomenergie; früher Direktor für Betriebsgenehmigungen der Aufsichtsbehörde für Atomenergie.
- *Malu Wa Kalenga* (Zaire): Kommissar für Kernwissenschaft am Kommissariat für Kernwissenschaften der Republik Zaire.
- *Jerzy Minczewski* (VR Polen): Sonderberater des Präsidenten der Polnischen Atomenergie-Agentur; früher Direktor des Kernforschungsinstituts Swierk.
- *Hiroshi Murata* (Japan): Vizepräsident des Japanischen Atomindustrieforums; früher Präsident des japanischen Atomforschungsinstituts und Kommissar an der Japanischen Atomenergiekommission.
- *Raja Ramanna* (Indien): Direktor des Bhabba Atomforschungszentrums und Regierungssekretär am Ministerium für Atomenergie; früher Direktor der physikalischen Abteilung des Bhabba Atomforschungszentrums.
- *Ioan Ursu* (SR Rumänien): Erster Vizepräsident des Staatlichen Rates für Wissenschaft und Technik; früher Direktor des Instituts für Atomphysik in Bukarest.
- *Georges Vendryes* (Frankreich): Direktor für Industrielle Verwendung der Kernenergie bei der französischen Atomenergiekommission und Leiter des Programms für schnelle Reaktoren; früher Professor für Kerntechnik am Institut für Kernwissenschaft und -technik in Saclay.
- *Atlant Vasiliev* (UdSSR): Leiter der Abteilung für Beschleuniger und Thermonukleare Forschung am Staatlichen Ausschuß für die Nutzung der Atomenergie; früher Stellvertretender Direktor des Strahlentechnischen Instituts der Sowjetischen Akademie der Wissenschaften.

Im Vergleich zum abtretenden Wissenschaftlichen Beirat gehören dem neuen mehr Experten für nukleare Sicherheit und Entsorgung an, die in der Regierung ihrer Heimat für die Überwachung der Kernindustrie zuständig sind.

Dr. *Blix* würdigte die hervorragenden Leistungen der abtretenden Mitglieder des Wissenschaftlichen Beirates und ihren Beitrag zur Arbeit der IAEA:

Admiral *Carlos Castro Madero* (Argentienien) — Vorsitzender der Staatlichen Atomenergie-Kommission;

Prof. *Israel Dostrovsky* (Israel) — Professor an der Abteilung für Isotopenforschung des Weizmann-Instituts für Wissenschaft;

Dr. *Mohamed El-Guebeily* (Ägypten) — früherer Vorsitzender des ägyptischen Atomenergie-Instituts;

Dr. *Bertrand Goldschmidt* (Frankreich) — früherer Direktor für Internationale Beziehungen an der Französischen Atomenergie-Kommission;

Prof. *Wolf Häfele* (Bundesrepublik Deutschland) — Direktor des Kernforschungszentrums Jülich;

Sir *Walter Marshall* (Großbritannien) — Vorsitzender der Zentralen Elektrizitätsbehörde;

Dr. *Homi Sethna* (Indien) — Regierungssekretär am Ministerium für Atomenergie und Vorsitzender der Atomenergie-Kommission. (IAEA-Pressemitteilung)

IAEA. Auf Empfehlung des Gouverneursrates der IAEA hat die Generalkonferenz der IAEA am 20. 9. 1982 auf ihrer 26. ordentlichen Tagung das Beitrittsansuchen Namibias, das vom Rat der Vereinten Nationen für Namibia vertreten wurde, genehmigt. (IAEA-Pressemitteilung)

IAEA. Auf einer Podiumsdiskussion, die am 20. 9. 1982 in Wien stattfand, vertraten vier für Energiepolitik zuständige Minister, die Vorsitzenden von zwei staatlichen Atomenergie-Kommissionen und ein Vertreter der Internationalen Bank für Wiederaufbau und Entwicklung einhellig die Meinung, daß die Energieproduktion in verschiedenen Richtungen weiterentwickelt werden muß, um die nicht unerschöpflichen Reserven bestmöglich zu nutzen, und daß dabei sowohl die Kohle als auch die Kernenergie eine zunehmend wichtige Rolle spielen werden.

Die Diskussion, bei der der Generaldirektor der IAEA, Dr. *Hans Blix*, den Vorsitz führte, fand während der 26. ordentlichen Tagung der Generalkonferenz der Organisation statt.

Der tschechoslowakische Minister für Technische Entwicklung, *Ladislav Supka*, erklärte in seinem einleitenden Vortrag, der Ausbau der Infrastruktur auf dem Brennstoff- und Energiesektor werde voraussichtlich teilweise durch stärkere Erdgasimporte aus der Sowjetunion, vorwiegend aber durch Expansion der Kernenergiegewinnung erfolgen. Der ägyptische Minister für Elektrizität und Energie, *Maher Abaza*, sagte, in seinem Land rechne man bis zum Jahre 2000 mit einem Anstieg des Stromverbrauchs auf das Fünffache; ein großer Teil dieses Energiebedarfs werde durch Kernenergie gedeckt werden müssen. *Edmond Hervé*, Ministre délégué auprès du Ministre de l'Industie (Frankreich), wies darauf hin, daß die Entwicklungsländer mit drei Vierteln der Weltbevölkerung weniger als ein Fünftel der auf der Welt erzeugten Energie verbrauchen, und erklärte, die Länder, die über eine industrielle Kapazität auf nuklearem Gebiet verfügen, seien der Gemeinschaft aller Staaten gegenüber verpflichtet, zunächst ihre eigenen Kernenergieprogramme intensiv voranzutreiben, um ihren Ölbedarf herabzusetzen.

Dr. *Homi Sethna*, Sekretär der Indischen Regierung am Ministerium für Atomenergie und Vorsitzender der Indischen Atomenergie-Kommission, meinte, die Durchführung des indischen Kernenergieprogrammes „setze sich aus Erfolgen und Schwierigkeiten zusammen", aber „Autarkie, auf hartem Wege erkämpft, sei eine zwingende Notwendigkeit, wenn den Massen Indiens die Wohltaten der friedlichen Nutzung der Kernenergie zugutekommen sollen".

Der amtierende Vorsitzende der japanischen Atomenergie-Kommission, *Takashi Mukaibo*, sagte, Japan besitze abgesehen von etwas Kohle und Wasserkraft, keine nennenswerten Energiereserven, weshalb es hohe Erwartungen in die Kernenergie als Ersatz für Erdöl setze. *John Moore*, Staatssekretär am britischen Energieministerium, meinte, es habe einen Sinn, wenn Großbritannien die Stromerzeugung aus Kernenergie vorantreibe, weil dadurch die fossilen Brennstoffe für eine andere Verwendung aufgespart werden. Und *Yves Rovani*, Direktor der Abteilung für Energie der Weltbank, erläuterte die „gewaltige Aufgabe", mit der jene Institutionen konfrontiert sind, die die energiewirtschaftliche Entwicklung in den Entwicklungsländern finanzieren müssen.

Dr. *Blix* ersuchte die Diskussionsteilnehmer, sich darüber zu äußern, auf welche Arbeitsbereiche die IAEA sich ihrer Meinung nach konzentrieren sollte. Mr. *Abaza* schlug Studien über Energieplanung, Vorarbeiten für Auftragsvergaben, Sicherheitsanalysen und Ausbildung von Personal vor. *E. Hervé* verwies auf drei Gebiete: den ganzen Komplex der Erstellung von Prognosen und Plänen; Herstellung guter Beziehungen zur Bevölkerung im Umkreis von Kraftwerken; und das gesamte Ausbildungswesen. *J. Moore* erwähnte Maßnahmen gegen die Weiterverbreitung von Kernwaffen und Sicherheitskontrolle, und die Rolle der IAEA als Sammelstelle für Informationen; und *T. Mukaibo* schloß sich der Meinung an, die wichtigste Aufgabe der IAEA sei die Verhütung der Waffenausbreitung und die Verbesserung des Überwachungssystems. An zweiter Stelle nannte *T. Mukaibo* Arbeiten über nukleare Sicherheit und an dritter Studien über den Brennstoffkreislauf, einschließlich Entsorgung. Die IAEA könne sowohl große als auch kleine Reaktoren begutachten, und auch bei energiepolitischen Untersuchungen behilflich sein. *Y. Rovani* nannte das Ausbildungswesen und die Ausarbeitung von Richtlinien und Normen; und *L. Supka* meinte, die IAEA solle ihre Bemühungen fortsetzen, „die Atomenergie in den Dienst des Friedens zu stellen", und dafür sorgen, daß sie nur zugunsten des technischen und wirtschaftlichen Fortschrittes verwendet wird.

In seiner Zusammenfassung zählte Dr. *Blix* einige Punkte auf, über die alle einer Meinung gewesen waren. „Die gegenwärtige Situation ist — gelinde gesagt — ungerecht und wird wahrscheinlich schlimmer werden durch das Wachstum der Weltbevölkerung: Voraussichtlich wird diese sich bis zum Jahre 2020 verdoppeln", sagte er. Die entwicklungshemmende Wirkung des 600%igen Anstiegs der Ölpreise in den letzten zehn Jahren sei festgestellt worden. Deshalb sei die Erschließung sicherer und zuverlässiger Energiequellen als Ersatz für Erdöl eine zwingende Notwendigkeit. „Kein Land will von einem einzigen Energieträger abhängen: Wir müssen auf verschiedene Weise Energie gewinnen, um unsere nicht unerschöpflichen Reserven möglichst gut auszunutzen" sagte er. „Dabei werden sowohl die Kohle als auch die Kernenergie immer mehr an Bedeutung gewinnen." „Die Erfahrung hat gezeigt, daß die Stromerzeugung aus Kernenergie trotz des höheren Kapitalaufwandes rationell und verhältnismäßig billiger ist als mit Kohlekraftwerken im selben Maßstab, daß sie die Umwelt weniger verseucht und sicher ist", sagte er. „Leider werden diese Tatsachen von der breiten Öffentlichkeit noch nicht richtig eingeschätzt, selbst in Ländern, wo die Betriebssicherheit einen hohen Stand erreicht hat."

Abschließend erklärte Dr. *Blix*: „Wir müssen uns im klaren sein, daß noch viel getan werden muß, um die Besorgnisse der Öffentlichkeit in bezug auf Sicherheit, Gesundheitsschutz, Entsorgung und Weiterverbreitung von Kernwaffen zu zerstreuen und sie zu einer positiveren Einstellung zu veranlassen." (IAEA-Pressemitteilung)

IAEA. Delegierte aus 90 Ländern haben sich am 20. 9. 1982 in Wien zur 26. ordentlichen Tagung der Generalkonferenz der IAEA versammelt.

Mit der Konferenz feiert die IAEA ihr fünfundzwanzigjähriges Bestehen. Die Zahl ihrer Mitgliedstaaten ist von 54 im Jahre 1957 auf 110 im Jahre 1982 angewachsen. Auf der ersten Generalkonferenz der IAEA, die im Oktober 1957 im Wiener Konzerthaus stattfand, wurde Wien als ständiger Amtssitz der Organisation gewählt. Heute ist die IAEA in dem modernen Internationalen Zentrum Wien untergebracht, das ihr auf Grund eines großzügigen Angebots der österreichischen Regierung und der Stadt Wien zur Verfügung gestellt wurde.

Im Dezember 1982 werden 40 Jahre vergangen sein, seit die erste nukleare Kettenreaktion stattgefunden hat. Heute bedient man sich nuklearer Verfahren in aller Welt, um bessere Pflanzen zu züchten, in Trockengebieten Grundwasser aufzuspüren, medizinische Präparate zu sterilisieren; auch in der medizinischen Diagnostik und in vielen Zweigen der Industrie werden sie routinemäßig angewendet. Aus Kernenergie wird heute bereits annähernd soviel Elektrizität gewonnen wie mit Wasserkraftwerken in aller Welt — im Jahre 1981 waren es nahezu 10% der Weltproduktion.

Am 20. September 1982 fand im Festsaal des Kongreßzentrums eine Podiumsdiskussion über die Rolle der Kernenergie in der Energieplanung statt. Vertreter der dreizehn Staaten (Australien, Bangladesh, Indien, Indonesien, Japan, Republik Korea, Malaysia, Pakistan, Philippinen, Singapur, Sri Lanka, Thailand, Vietnam), die an dem Abkommen über Regionale Zusammenarbeit in Forschung, Entwicklung und Ausbildung auf dem Gebiet der Kernwissenschaft und -technik beteiligt sind, tagten ebenfalls, um laufende und zukünftige Projekte zu erörtern.

Die Amtszeit Argentiniens, des Irak, des Libanon, Malaysias, Nigerias, Perus, Polens, Schwedens, des Sudan, der Türkei und Uruguays als gewählte Mitglieder des Gouverneursrates lief mit dem Ende der diesjährigen ordentlichen Sitzung der Generalkonferenz ab, weshalb Neuwahlen stattfinden mußten. Zum Präsidenten ihrer diesjährigen Tagung wählte die Generalkonferenz den philippinischen Botschafter in Österreich und Ständigen Vertreter der Philippinen bei der IAEA, *Domingo L. Siazon* Jr.

(IAEA-Pressemitteilung)

IAEA. Eine Expertengruppe hat vor kurzem im Auftrag der IAEA eine große Studie über die Zwischenlagerung abgebrannter Brennstoffe aus Kernreaktoren abgeschlossen. Die Studie über internationale Regelungen für abgebrannten Kernbrennstoff wurde 1979 auf Anregung des Generaldirektors der IAEA in Angriff genommen. Die Gruppe sollte prüfen, welche Möglichkeiten für eine internationale Zusammenarbeit bei der Lagerung und Behandlung abgebrannter Kernbrennstoffe bestehen, und die IAEA dahingehend beraten, wie sie zur Lösung der Probleme beitragen könnte, die durch den Anfall immer größerer Mengen abgebrannter Brennstoffe entstehen. Fachleute aus 24 Ländern und von drei internationalen Organisationen waren an der Studie beteiligt.

Die Experten sammelten Daten über die anfallenden Brennstoffmengen und die vorhandenen Lagerkapazitäten. Daraus geht hervor, daß bis zum Jahre 2000 auf der ganzen Welt rund 200000 Metertonnen abgebrannter Brennstoffe anfallen werden. Es bestehen gute Aussichten, daß bis 1990 ausreichende Möglichkeiten für eine Zwischenlagerung oder Wiederaufarbeitung dieser Brennstoffe vorhanden sein werden; für die Zeit nach 1990 sind aber entweder noch keine Vorkehrungen getroffen oder sie befinden sich erst in den ersten Phasen der Planung.

Gegenwärtig werden abgebrannte Kernbrennstoffe zumeist in Wasserbecken gelagert — eine sichere und bewährte Technik. Als Alternative werden in mehreren Ländern verschiedene Methoden einer trockenen Lagerung studiert oder geplant. Einige dieser trockenen Methoden sind weniger kostspielig als die Lagerung in Wasserbecken, bisher wurde aber noch keine Methode gefunden, die für sämtliche untersuchten Anlagegrößen und Zulassungsbedingungen optimal wäre.

Nach Ansicht der Experten ist es wichtig, die Lagerung und Behandlung abgebrannter Brennstoffe entsprechend zu planen; und die Bemühungen um eine internationale Zusammenarbeit sollten fortgesetzt werden. Die Gruppe stellte ferner fest, welche Arbeiten im Bereich der technischen Hilfe, des Informationsaustausches und der Ausarbeitung von Richtlinien und Normen die IAEA übernehmen könnte. Die Studie schafft eine Grundlage, auf der die an der Frage Interessierten aufbauen können, um die theoretische Vorarbeit der Experten in praktische Vereinbarungen über eine gemeinsame Lagerung abgebrannter Brennstoffe umzusetzen. Der Schlußbericht der Expertengruppe über internationale Regelungen für abgebrannten Kernbrennstoff wurde als Dokument IAEA-ISFM/EG/26 (Rev. 1) veröffentlicht.

(IAEA-Pressemitteilung)

IAEA. In den letzten zehn Jahren, seitdem durch die in Stockholm abgehaltene Umweltkonferenz der Vereinten Nationen die Bedeutung des Schutzes und der Erhaltung der Umwelt in den Mittelpunkt des Weltinteresses gerückt worden ist, sind neue Erkenntnisse über die Wirkungen der Kernenergiegewinnung auf Umwelt und Gesundheit gewonnen worden. Sie bilden das Thema der Informationsbroschüre „Kernenergie, Umwelt und Mensch“, die von zwei UN-Organisationen gemeinsam herausgebracht wurde, der in Genf stationierten Weltgesundheitsorganisation (WHO) und der in Wien stationierten IAEA.

Die Broschüre gibt einen aktuellen Überblick über das komplexe Thema, das sie ausführlicher behandelt als eine 1973 herausgebrachte Publikation der IAEA und WHO. Darüber hinaus werden verschiedene bereits bestehende und zu erwartende Probleme herausgestellt und die auf Grund innerstaatlicher und internationaler Arbeiten vorgeschlagenen Lösungen erörtert.

Im Vorwort erklären die Generaldirektoren der beiden Organisationen: „Die Kernenergie ist ein für die Befriedigung des Bedarfs geeigneter Energieträger und wird in der Energiewirtschaft zahlreicher Länder eine immer wichtigere Rolle spielen. Obwohl bei der Kernenergiegewinnung gefährliche radioaktive Substanzen manipuliert und erzeugt werden, handelt es sich um eine Technik, deren Gefahren man kennt und unter Kontrolle hat. Dazu kommt, daß sich diese Technik unter strenger Kontrolle und oft unter dem Druck der öffentlichen Meinung entwickelt hat. Sie ist mit bedeutenden spezifischen Problemen verbunden, die aber technisch auf eine Weise gelöst werden können, die mit den Forderungen der Sicherheit und der Bedürfnisse der Menschen vereinbar ist.“

Im Jahre 1981 haben Kernkraftwerke 87 Gigawattjahre Elektrizität (762 Milliarden kWh) erzeugt, das sind 9% der Weltproduktion, trotzdem hat die Strahlenbelastung der Weltbevölkerung durch den Betrieb sämtlicher Anlagen der Kernindustrie während des ganzen Jahres nicht einmal ein Tausendstel (0,1%) jener erreicht, der sie durch die in der Umwelt vorhandenen natürlichen Strahlenquellen ausgesetzt werden, heißt es in dem Buch, das sich auf Daten aus einem vor kurzem veröffentlichten Bericht des UNSCEAR (Wissenschaftlichen Ausschusses der UN über die Wirkungen atomarer Strahlen) stützt.

Wenn sich die Welt so weiterentwickeln soll, daß Besitz und Wohlstand auf breiterer Basis und gerechter aufgeteilt sind, müssen wegen des starken Energiebedarfs die verschiedensten in Frage kommenden Energieträger, einschließlich der Kernenergie genutzt werden.

Eine unvermeidliche Folge der Kernenergiegewinnung ist die Entstehung großer Mengen radioaktiver Substanzen, die überwacht werden müssen und überwacht werden können. Aber die Kernenergie setzt weder schädliche Chemikalien und Schwebstoffe noch große Mengen Kohlendioxid in die Atmosphäre frei, wie die Verbrennung fossiler Brennstoffe, die deshalb ernste Probleme in bezug auf Gesundheit und Umwelt mit sich bringt.

Befürchtungen wegen der Umweltwirkungen der Kernenergiegewinnung betreffen aber auch die Folgen eines Unfalles und die Entsorgung. Deshalb werden in der Broschüre auch die Grundlagen der Sicherheitsplanung für Reaktoren, einschließlich des Konzepts des ,,mehrfachen Schutzes" erklärt, ebenso wie die bisherigen Erfahrungen und der gegenwärtige Stand der Dinge auf dem Gebiet der Entsorgung, insbesondere Arbeiten und Pläne verschiedener Länder über Entsorgung bei hochaktiven Abfällen.

(IAEA-Pressemitteilung)

Großbritannien. Amersham International expects another year of growth in 1982–83, the company chairman, Sir *John Hill*, said in his introduction to the group's annual report published in July 1982. In the year to 31 March 1982 net profit before tax increased by £ 4·4 million to £ 8·5 million, exceeding by £ 200000 the forecast made in the offer for sale made to shareholders earlier in the year. With 83 per cent of sales from overseas trading, the weaking of sterling which took place during the year reviewed augmented the substantial improvement over the previous year which had been anticipated. Profit attributable to the shareholders was £ 5·7 million; and the final dividend of 2·1 pence per ordinary share recommended by the directors brought the total for the year to 3·5 pence per share – the same as that forecast at the time of the offer for sale.

Sir John said that in the past year further reviews of the group's objectives had been carried out, resulting in a redefinition of the strategies to be followed in exploiting and developing their resources and intensifying their drive for markets in America, Europe and Japan. Planing for the future development of the business had proceeded with thoroughness and with careful selection of the opportunities to be pursued. Recent achievements had been substantial, and the prospect of using these opportunities to create new business worldwide was challenging.

Sir John noted that manufacture had continued to be carried out predominantly in the UK. The new plant at Forest Farm, Cardiff had been opened officially by the Secretary of State for Wales in May 1981; its performance had been excellent and it was meeting in full measure the purpose for which it was built. The transfer of work to Cardiff had released space on the Amersham site for product development work, thus enabling it to make an increasingly important contribution in this vital field.

Sir John said that although there were uncertainties in the international scene, both economic and political, "their presence need do no more than add caution to the confidence which the board feels about the future. It is expected that 1982–83 will be another year of growth of the business and the profitability of its operations. The foundations for progress have been soundly laid and the upward trend of sales is well supported by the resources which have been marshalled behind the group's product development and marketing. The task of converting our extensive technological skills into new business worldwide presents a major challenge but offers the equivalent potential rewards."

(Atom 311)

Großbritannien. For most people, exposure to radiation from the nuclear industry amounts to about 0·1 per cent of their total exposure from all sources, including medical irradiation and natural backgrund radiation. People living in the vicinity of nuclear installations can receive doses amounting to a higher percentage, but this occurs to a significant extent only at BNFL Sellafield – and even in this case the doses are below the limits recommended for the general public by the International Commission on Radiological Protection.

These are central conclusions of two reports

– *Kelly, G. N., Jones, J. A.* and *Broomfield, M.* The radiation exposure of the UK population from airborne effluents discharged from civil nuclear installations in the UK in 1978. Report NRPB-R118 and
– *Camplin, W. C., Clark, M. J.* and *Delow, C. E.* The radiation exposure of the UK population from liquid effluents discharged from civil nuclear installations in the UK in 1978. Report NRPB-R119

published in July 1982 by the National Radiological Protection Board, containing estimates of the radiation dose to the UK public due to radioactive discharges from UK nuclear installations. These include all the nuclear power stations operated by the CEGB, the South of Scotland Electricity Board and the UKAEA; from installations operated by BNFL for manufacturing nuclear fuel, spent fuel storage, reprocessing and radioactive waste management; and from the laboratories of Amersham International.

The NRPB estimated doses for a typical year's discharge using specially developed computer models and a comprehensive data base. One study estimates the collective dose from airborne effluents to be about 14 man-sievert (1400 man-rem) and the other estimates the collective dose from liquid effluents to be about 134 man-sievert (13400 man-rem).

The main contributor to the dose from liquid effluents, which represents 90 per cent of the total dose to the public, is BNFL Sellafield (formerly known as Windscale), through discharges of the radionulide caesium-137. Most of the dose from airborne effluents comes from nuclear power stations. The NRPB says the total estimated dose from the nuclear industry is broadly comparable with previous estimates, and for the liquid effluents from Sellafield there is good agreement with doses calculated by the Ministry of Agriculture, Fisheries and Food for the same year. The reports contain sufficient information, the NRPB says, to estimate doses from radioactive discharges made in other years.

(Atom 311)

Isotopenpraxis 19 (1983) 6, S. 215 – 220

Buchbesprechungen

Physiologie des Menschen

R. F. Schmidt u. G. Thews (Hrsg.). 20. neubearb. Aufl.: Berlin—Heidelberg—New York: Springer 1980; 798 S., 569 z. größten Teil farb. Abb., 67 Tab., DM 98,—; US $ 57,90

Max von Pettenkofer, der Inhaber des ersten Lehrstuhls für Hygiene in München, hat einmal folgendes formuliert: „Der Mensch ist das einzige Geschöpf auf Erden, welches sich den Luxus der Frage nach dem Warum erlaubt, und diese Fragestellung ist ein Spezifikum, das den Menschen von anderen Geschöpfen und vom Tier unterscheidet." Konzentriert sich die Frage nach dem Warum auf den Menschen selbst, dann trifft man im wesentlichen den Stoffumfang, den wir die Naturlehre, die Physiologie vom Menschen, nennen. Wieviel tausendfach, ja millionenfach diese luxuriöse Frage von unzähligen Menschen gestellt wurde und auch bereits beantwortet werden konnte, bezeugt die Wissensansammlung eines Lehrbuches der Physiologie des Menschen, das in einer Neubearbeitung von 18 Autoren vorliegt.

Die zu behandelnde umfangreiche Stoffülle ist in 4 große Teile untergliedert: 1. Teil — Nervensystem (S. 2—190, 7 Unterabschnitte), 2. Teil — Sinnesorgane (S. 191—360, 8 Unterabschnitte), 3. Teil — Blut, Blutkreislauf und Atmung (S. 362—571, 6 Unterabschnitte) und 4. Teil — Energiewechsel, Stoffaufnahme und -ausscheidung, endokrine Regulation (S. 574—751, 8 Unterabschnitte). Das Buch wird durch einen Anhang über Maßeinheiten in der Physiologie (S. 752—754) und ein ausführliches Inhaltsverzeichnis abgeschlossen. Einer der leicht erkennbaren Vorzüge des Lehrbuches ist die Unterteilung der großen Abschnitte in Unterabschnitte, die leicht zu überschauen sind, fast in einem Zuge von den Lernenden durchgearbeitet werden können und von Experten geschrieben wurden, die Bedeutsames und weniger Bedeutsames voneinander zu trennen verstehen. Jedem solchen Unterabschnitt ist ein Literaturverzeichnis beigefügt, das weiterführende und wissensvertiefende Zitate umfaßt.

Kleinere Druck- bzw. Flüchtigkeitsfehler haben sich auch in der 20. Auflage eingeschlichen: S. 362, Kohlendioxyd; S. 592, Fettsäureoxydation, aber S. 578 Oxidation; S. 432, Zitat 11, Hertbeat; S. 323 Haufigkeit; S. 571, Zitat 28 PO_2 anstelle von P_{O_2}; S. 761 Chli anstelle von Ch'i, der kreisenden Lebensenergie bei der Akupunktur; S. 791, Spurenelemente einmal an falscher Stelle im Inhaltsverzeichnis. Auf S. 633 ist vom N_2-Gehalt des Eiweißes die Rede, und es sollte auch vermieden werden, die Namen der Nuklide mit rechts hochgestellten Massenzahlen zu schreiben wie beispielsweise Caesium^{137} und Strontium^{90} auf S. 632. Auf S. 561 ist der Desoxyzucker gemeint, und in der Abb. 16—12 S. 381 ist von AeDTE die Rede, während auf S. 385 EDTA gesagt wird, letzterer Abkürzung sollte man den Vorzug geben. Die auf den S. 9, 365, 497, 498, 560, 561, 575, 632, 640, 651, 737 und 752 erwähnten radioaktiven Nuklide bzw. Isotopenmethoden werden nicht im Inhaltsverzeichnis aufgeführt, auch nicht das D_2O auf S. 363.

Es bleibt zu fragen, welche möglichen Verbesserungen und Ergänzungen gemacht werden könnten, um in weiteren Neuauflagen berücksichtigt zu werden. Die schon recht häufig verwendeten SI-Einheiten sollten noch konsequenter angewendet werden, insbesondere die Druckeinheit Pascal anstelle von mm Hg; letztere könnte in Klammer noch beigefügt sein, aber nicht umgekehrt. Die vielverwendete abgekürzte Schreibweise eines Punktes über einem Buchstabensymbol anstelle des Differentialquotienten nach der Zeit sollte einmal eingeführt werden. Die Punktschreibweise — sonst nur in der theoretischen Physik üblich — könnte dann besser als Mengen- oder Volumenstrom in der Zeiteinheit verstanden werden. Keinerlei Erwähnung finden die Einwirkung von starken elektrischen oder magnetischen Feldern auf den Menschen, die in manchen Fällen (Hochspannungsleitungen, Arbeiten in der Nähe von Lichtbogen-Öfen u. ä. m.) durchaus bedacht werden sollten. Ferner könnte in dem Abschnitt „Arbeitsphysiologie — Umweltphysiologie" auch einiges über Ergonomie (Ergonomics, Human Engineering) ausgesagt werden (ergonomische Arbeitsplätze bei Tätigkeiten am Bildschirm). Die ausführlich behandelten Elektrokardiogramme könnten durch die in kontaktloser Technik auch möglichen Magnetokardiogramme ergänzt werden (Magnetometer, mit dessen Hilfe Magnetfeldänderungen von 10^{-14} T und geringer gemessen werden können). Für *Max von Pettenkofer* war die Hygiene eine Art Physiologie der menschlichen Umgebung, die sich zwanglos an die Physiologie des Körpers anschloß. Gerade dieser Gedanke sollte in künftigen Auflagen eine stärkere Berücksichtigung finden, da uns Menschen heute viele Einflüsse der Umgebung, der Umwelt erreichen, und worüber mitunter verwirrende Meinungen ausgelöst werden können. Ohne sich in nuklearmedizinische oder röntgenologische Einzelheiten zu verlieren, können Aussagen über eine natürliche Strahlenbelastung des Menschen gemacht werden, über Strahlendosen, die aus Kernkraft- oder Wiederaufbereitungsanlagen an die Umwelt abgegeben werden, und ihre Relation zu anderen Belastungen, beispielsweise bei Röntgenaufnahmen. (Die SI-Einheit der Energiedosis Gray (Gy) und die SI-fremde Einheit Röntgen (R) werden weder definiert noch verwendet.) Gleiches gilt für die mancherorts auftretenden Belastungen durch Spurenelemente (Cd wird gar nicht genannt) oder andere Kontaminanden. Die radioimmunologischen Verfahren (RIA) werden etwas knapp behandelt; es hat immerhin dafür einen Nobelpreis für Medizin und Physiologie 1977 an drei Wissenschaftler gegeben, die ohne die Anwendung dieses Nachweisverfahrens im Nanogramm-Bereich nicht hätten zu den bedeutsamen Ergebnissen kommen können.

Die Literatur wurde mit insgesamt 1093 Zitaten erfaßt, wobei 440 Hinweise auf weiterführende Lehr- und Handbücher entfallen und 653 Hinweise auf Einzel- und Übersichtsarbeiten — eine schöne Bilanz an Fleiß und Akribie. Rund 60% dieser Zitate stammen aus den Jahren 1970 bis 1980; das älteste Zitat aus dem Jahre 1780, wo *A. L. Lavoisier* und *P. S. La Place* eine Abhandlung über die Wärme geschrieben haben.

Die übersichtlichen und aussagestarken Abbildungen, die klare und leicht verfolgbare Sprache und schließlich die konsequente und überschaubare Einteilung des umfangreichen Stoffgebietes der Physiologie ermöglicht es dem Studierenden, sich leicht in das Gebiet einzuarbeiten und schnell einen verfügbaren Wissensumfang zu erlangen. Man merkt an vielen Stellen die Hand des Hochschullehrers der um klare Bezeichnungs- und Darstellungsweisen stark bemüht ist — ein uneingeschränkter Vorzug dieses Lehrbuches, denn sonst würde man kaum verstehen, warum ein seit 1936 erscheinendes Lehrbuch laufend neu verlegt wird. Weitere Neuauflagen, in denen weitere Antworten auf luxuriöse Fragen nach dem Warum enthalten sein werden, sind zu wünschen und auch zu erwarten. *H. Hübner*

Physiological Plant Ecology I, Responses to the Physical Environment
Encyclopedia of Plant Physiology, New Series Vol. 12A

Editors: O. L. Lange, P. S. Nobel, C. B. Osmond, H. Ziegler; Berlin—Heidelberg—New York: Springer 1981; 110 Abb.; 625 S., Leder geb. DM 239,—; US$ 111,30

In den Jahren 1955—1967 wurde das 18bändige Handbuch der Pflanzenphysiologie von *W. Ruhland* in Gemeinschaft und unter Mitarbeit von vielen Wissenschaftlern herausgegeben. Es war damals und lange danach ein verläßliches Standardwerk der Pflanzenphysiologie. Mit zunehmendem Abstand der Jahre wurde aber ein Mangel an Aktualität und Neuordnung der Zusammenhänge spürbar, der nur durch eine Neuauflage oder durch eine Erweiterung überwunden werden konnte. Der Springer-Verlag hat sich für eine Erweiterung entschieden, sind doch die Darlegungen in dem 18bändigen Hauptwerk von zeitlosem Wert. Diese Erweiterung heißt jetzt Encyclopedia of Plant Physiology, New Series, und wird von *A. Pirson* (Göttingen) und *M. H. Zimmermann* (Harvard) herausgegeben; es ist ein Gesamtumfang von 20 Bänden geplant, und sie erscheinen seit 1975. Den Zeichen der Zeit folgend, ist die Enzyklopädie nur noch einheitlich in englischer (amerikanischer) Sprache verfaßt (früher waren neben englischen und deutschen auch französische Beiträge zugelassen). Bleibt noch zu bemerken, daß die New Series auch eine neue Band-Numerierung haben und sich nicht zwangsläufig an die Numerierung des Hauptwerks anschließen.

Der vorliegende 12. Band der New Series ist der 1. Teil einer insgesamt vierteilig geplanten Pflanzenökologie. Dieser Teilband wurde von *O. L. Lange* (Würzburg), *P. S. Nobel* (Los Angeles), *C. B. Osmond* (Canberra) und *H. Ziegler* (München) unter Mitwirkung von 21 weiteren Autoren herausgegeben. Seinem Untertitel nach wird der Einfluß physikalischer Faktoren auf das Wachstum und die Entwicklung der Pflanzen behandelt und ist in diesem Sinne eine Erweiterung (Aktualisierung) des 16. Bandes des Hauptwerkes aus dem Jahre 1961. Behandelt werden die Wirkungen des Lichtes in allen Wellenlängen einschließlich der ionisierenden Strahlung (Korpuskularstrahlung), die Reaktionen der Pflanzen auf Temperaturen, vor allem der extremen Temperaturen, dann der Wind als ökologischer Faktor, der bereits in Band XVI des Hauptwerkes kurz abgehandelt wurde und schließlich die ökologischen Auswirkungen des Feuers, was neu aufgenommen wurde.

Da das Licht und die Temperatur einen nicht unwesentlichen Einfluß auf die Herausbildung neuer Photosynthesewege hatten, sind in nicht unbeträchtlicher Weise biographische Hinweise auf die C_3-, C_4- und CAM-Pflanzen zu finden, ein Beispiel dafür, was für ein Wissenszuwachs gerade in den 60er und 70er Jahren stattgefunden hat. Ein weiterer Hinweis kann aus folgender Tatsache abgeleitet werden: In dem vorliegenden Band wurde die Literatur mit insgesamt 2504 Zitaten erfaßt, wobei 84,5% der Literatur auf die Jahre 1962—1981 entfallen — mit einem Maximum von allein 8,8% an Literatur aus dem Jahre 1978.

Das Buch stellt wie jedes Handbuch eine erstaunliche und bewundernswerte Fleißarbeit dar und die Autoren haben zusammengetragen, was dem heutigen Stand des Wissens auf diesem Gebiet entspricht. Dabei tritt keiner der 17 Teilabschnitte durch übermäßige Länge hervor, was der Disziplin der Autoren und der obwaltenden Strenge der Herausgeber zugeschrieben und lobenswert hervorgehoben werden kann. Die kurzen Inhaltsangaben der anderen 3 Teilbände sind angekündigt; man kann erwarten, daß sie in gleicher überzeugender Qualität erscheinen werden, in der Qualität einer modernen Enzyklopädie. Vom Preis her ist anzunehmen, daß dieser Band — wie auch die anderen Bände — in renommierten Bibliotheken zu finden sein wird, um dort einen breiten Leserkreis anzusprechen: Biowissenschaftler, Ökologen, Mikrobiologen und Biogeographen, um ur einige Spezialisten zu nennen. *H. Hübner*

Clay Minerals

E. Nemecz. Budapest: Akademiai Kiado 1981, 547 S., 217 Abb., 216 Tab.; Leinen F£ 480,—; M 120,—

Die Tonmineralforschung hat in den letzten Jahren einen wesentlichen Aufschwung erlebt, nicht zuletzt durch die Entwicklung einsetzbarer Röntgendiffraktometer und Elektronenmikroskope, mit deren Hilfe der komplizierte Bau der Tonminerale und die mannigfaltige Zusammensetzung der Tone, Bentonite, Kaoline und Sedimentgesteine bekannt wurden. Der Autor legt in seinem Buch, das um 1970 in der ungarischen Auflage erschien, in drei Hauptteilen eine zusammenfassende Darstellung der Tonmineralogie vor, wobei in erster Linie die mineralogischen Aspekte behandelt werden.

Im ersten Teil wird die Kristallstruktur der Tonminerale besprochen, und in umfangreichen Tabellen sind detaillierte Angaben über Röntgendaten, chemische Zusammensetzung etc. typischer Substanzen enthalten.

Der zweite Teil umfaßt eine praktische Anleitung zur Identifizierung der Tonminerale, wozu handhabbare Tabellen und Schemata gegeben werden.

Im dritten Teil wird die Tonmineralgenese abgehandelt und sowohl die natürliche Entstehung und Umwandlung als auch die Synthese diskutiert.

Das Buch wendet sich an einen breiten Kreis von Naturwissenschaftlern und Technikern, die sich in das Gebiet einarbeiten möchten, und Probleme der Identifizierung sowie die Charakterisierung von Tonmineralen bearbeiten. Sehr wertvolle Angaben kann man auch zum Problemkreis Genese und Diagenese entnehmen. Diese Aspekte sind sicherlich für die Isotopenforschung besonders nutzbar, weil die natürlichen Tonminerale in den Sedimentgesteinen in enger Beziehung zu solchen Fragen wie Deponie radioaktiver Substanzen, Grundwassermigration bzw. -stauung oder Ionen-Adsorption stehen. Allerdings geht der Autor auf diese Zusammenhänge nicht ein.

Einige kritische Bemerkungen sind dahingehend zu machen, daß die ins Englische übersetzte ungarische Originalausgabe nicht genügend aktualisiert ist. Immerhin liegen ca. 10 Jahre zwischen beiden Ausgaben. Die Erkenntnisse der 70er Jahre sind nicht verarbeitet worden, und es fehlen deshalb z.B. die Resultate der Anwendung modernster Methoden, wie Höchstspannungselektronenmikroskopie, *Mößbauer*spektrometrie, Rasterelektronenmikroskopie u. a. Auch sind die wichtigen Tonmineralgruppen Sepiolit/Palygorskit und vor allem die vielfältigen Mixed-Layer-Minerale nicht genügend behandelt. *M. Störr*

Physik für Mediziner

D. Kamke, W. Walcher, Stuttgart: B. G. Teubner. 1982. 640 S., 498 Abb., 107 Beispiele; kart. DM 58,—

Schon auf den ersten Blick auffällig erscheint die ungewöhnliche Stoffgliederung des vorliegenden Werkes. Abweichend von der „klassischen" Einteilung der Physik wurde hier versucht, Gemeinsamkeiten, Analogien oder Äquivalenzen verschiedener Teilgebiete zusammenzufassen. Unter „Wechselwirkungen und Felder" beispielsweise findet man das Gravitationsgesetz, das *Coulomb*-Gesetz, Magnet- und Kernkraft. Der Abschnitt „Strömungsvorgänge" beinhaltet nicht nur die Behandlung von Flüssigkeiten und Gasen, sondern auch den Gleichstrom und die Mechanismen der elektrischen Leitung. Je mehr man sich mit dieser Gliederung befaßt, um so einleuchtender erscheinen die damit verbundenen Vorteile: Erleichterung sowohl in der Darstellung als auch im Verständnis und eventuell sogar eine für den wissenschaftlich arbeitenden Mediziner prägende Sicht beim Herangehen an bisher Unbekanntes und bei der Interpretation neuer Erkenntnisse. Der angesprochene Personenkreis wird nicht durch lange mathematische Ableitungen abgeschreckt, obwohl keineswegs auf höhere Mathematik verzichtet wurde. Durch eine Vielzahl von Skizzen und Abbildungen erreichen die Autoren eine wesentliche Unterstützung bei der Bewältigung des umfangreichen Buches, ergänzt durch praktische Rechen- und Anwendungsbeispiele vorwiegend aus Medizin und Biologie. Die Autoren wollten jedoch „der Versuchung widerstehen, Physiologie anstelle von Physik zu lehren", was ihnen zweifelsohne gelungen ist. Nach Ansicht des Rezensenten hätte andererseits der Versuchung nach Darstellung der Umsetzung physikalischer Erkenntnisse in Medizintechnik stellenweise stärker nachgegeben werden können. So vermißt man die Spektroskopie ebenso wie das Ultraschall-B-Bild, die Computertomographie und NMR (Kernspinresonanztomographie). Gerade bei der Darstellung von Grenzgebieten liegt die Schwierigkeit offensichtlich in der Abgrenzung. So findet man in den drei letzten Kapiteln (vielleicht besser als „Anhang" zu kennzeichnen) die „Steuerung und Regelung", „Statistik" und „Information" in kurzer Darstellung, obwohl strenggeonmmen nicht zur Physik gehörig. — Von etlichen Kleinigkeiten abgesehen, liegt mit dem „Kamke—Walcher" eine erfreulich unkonventionelle Darstellung der „Physik für Mediziner" vor, der eine weite Verbreitung sowohl unter Studenten, als auch bei Ärzten und Naturwissenschaftlern sicher sein wird. Drucktechnik und Ausstattung sind ausgezeichnet. *B. Potschwadek*

Atmospheric Chemistry
Fundamental Aspects

E. Mészáros. Budapest: Akadémiai Kiado and Amsterdam: Elsevier Scientific Publishing Comp. 1981. 201 S., 60 Abb., 30 Tab.; gebunden M 45,—

Das Buch von *E. Mészáros* ist eine systematische Darstellung der gegenwärtig gesicherten grundlegenden Ergebnisse und Vorstellungen über die Entstehung und Entfernung atmosphärischer Bestandteile (Gase und Aerosolpartikel), ihrer Konzentrationen sowie ihrer physikalischen und chemischen Umwandlungen in der unteren Atmosphäre (Stratosphäre, Troposphäre). Ausgehend von einer kurzen Beschreibung der Bestandteile und Struktur sowie der Entwicklung, der Chemie und des Budgets der Hauptkomponenten (N_2, O_2) der Erdatmosphäre werden die atmosphärischen Zyklen folgender Spuren mit relativ kurzen Verweilzeiten ($<10\,a$) behandelt: H_2 und He, C-Verbindungen (CH_4, CO, Kohlenwasserstoffe, Halogenkohlenwasserstoffe), O_3, N-Verbindungen (NO_x, N_2O, NH_3) und S-Verbindungen (SO_2, H_2S). Ihre globalen Quellen und Senken sowie die wichtigsten Umwandlungsprozesse werden in Abhängigkeit von Raum (auch vertikale Verteilungen) und Zeit angegeben, wobei der gegenwärtige Wissensstand kritisch eingeschätzt wird. Da Aerosolpartikel die optischen Eigenschaften der Luft, die Bildung von Wolken, die atmosphärische Elektrizität und gemeinsam mit einigen Gasen das Strahlungs- und Wärmegleichgewicht der Erde beeinflussen, wird ihnen ein eigener Abschnitt gewidmet. Dieser befaßt sich mit den allgemeinen Grundlagen (Definitionen, Eigenschaften, Klassifizierung, Meßmethoden), dem Ursprung, der Konzentration (Vertikalprofile), der Größenverteilung, der chemischen Zusammensetzung (mit Angabe der Identifizierungsmethoden) und mit Feuchteeinflüssen auf die Größe des atmosphärischen Aerosols. Ein weiterer Abschnitt behandelt die Entfernung von Spurenbestandteilen (Gase, Aerosolpartikel) aus der Atmosphäre durch trockene Ablagerung und bei Feuchtigkeit sowie die chemische Zusammensetzung der dabei entstehenden Produkte, wobei experimentelle Ergebnisse größerer Gebiete (USA, Schweden, SU) berücksichtigt werden. Auf der Grundlage der in den vorangegangenen Kapiteln untersuchten Prozesse wird der Einfluß der chemischen Zusammensetzung der Atmosphäre und ihrer räumlichen und zeitlichen Variationen auf klimatische Änderungen an Hand von Klimamodellen diskutiert. Dabei wird im Hinblick auf die Zunahme der durch den Menschen verursachten Luftverunreinigungen den durch Spurenbestandteile (O_3, NO_x, CO_2, Halogenkohlenwasserstoffe) bewirkten Störungen besondere Aufmerksamkeit gewidmet.

Da das Buch von *E. Mészáros* in kurzer, systematischer Weise die Hauptergebnisse und -probleme der Luftchemie behandelt, ist es vor allem für Studenten und Wissenschaftler (Meteorologen, Biologen, Geochemikern, Ökologen, Chemiker, Physiker, Mediziner) von Interesse, die nicht unmittelbar auf diesem Gebiet arbeiten, jedoch in der Umweltforschung tätig sind. Ein vertieftes Studium dieses Spezialgebietes kann mit Hilfe von etwa 330 Literaturstellen (Originalarbeiten und Monographien bis 1978) erfolgen. *H.-J. Große*

Analog Integrated Circuits

M. Herpy. Budapest: Akadémiai Kiado 1980. 479 S., 370 Abb., 45 Tab.; gebunden M 96,—

Die stürmische Entwicklung integrierter Analogschaltkreise führte zu prinzipiell zwei Schaltkreiskategorien, den allgemeinen Grundschaltkreisen, mit denen sich die verschiedensten Analogsystemlösungen realisieren lassen, und den hochintegrierten, die ganze Systemlösungen beinhalten und vorwiegend in der Konsumgüterelektronik eingesetzt werden. Während im letztgenannten Fall die Schaltungsentwicklung sich immer mehr zum IC-Hersteller hin verlagert, liegt im erstgenannten Fall nach wie vor der Hauptanteil der Gesamtlösung beim Entwicklungsingenieur in Industrie und Forschung.

Das vorliegende Buch gibt eine detaillierte Zusammenfassung analoger Grundschaltungen und beschreibt die Eigenschaften sowie Anwendung von Operationsverstärkern und Analogmultiplizierern, den wichtigsten Vertretern der allgemeinen Grundschaltkreise.

Nach einem einführenden Kapitel über die historischen Entwicklungsetappen analoger IC und deren Bedeutung folgt eine kurze übersichtliche Darstellung zur Realisierung passiver und aktiver Bauelemente durch die monolithische IC-Technologie. Das daran anschließende Kapitel befaßt sich mit der Transistorschaltungsanalyse, die dem Leser anhand kurzer, klarer Definitionen der wichtigsten Vierpol- und Betriebsgrößen und zahlreicher Tabellen in stark verdichteter Form vermittelt wird. In einem weiteren Kapitel werden die verschiedensten Transistorschaltungen (Darlington, Differenzverstärker, Konstantstromquellen usw.) behandelt, wie sie für den Aufbau monolithischer Schaltkreise als Grundbausteine benötigt werden. Daran anschließend folgt eine Beschreibung von Operationsverstärkern und Analogmultiplizierern anhand einer repräsentativen Auswahl bewährter Analogschaltkreise der führenden IC-Hersteller.

In der zweiten Hälfte des Buches beschäftigt sich der Autor mit den häufigsten Anwendungsfällen von Operationsverstärkern und Analogmultiplizierern. Hier ist die ausführliche, aber doch recht übersichtliche theoretische Beschreibung der vorgestellten Schaltungen hervorzuheben.

In einem gesonderten Kapitel wird die Realisierung von RC-Filtern mittels Operationsverstärker beschrieben, die wichtigsten Filtertypen werden gegenübergestellt und mit den Methoden der Netzwerksynthese an konkreten Beispielen durchgerechnet, und in zahlreichen Tabellen werden die Schaltungs- und Netzwerkparameter angegeben. Zum Schluß erhält der Leser auf rund 14 Seiten einen Überblick über die wesentlichen Einsatzgebiete von Analogmultiplizierern.

Dasvorliegende englischsprachige Buch ist eine überarbeitete Version der 1974 erschienenen ungarischen Ausgabe. Inzwischen neu hinzugekommene Technologien wie Dünnbasis-, Laserabgleich- oder BIDFET-Technologie und die damit möglich gewordenen Anwendungsfälle finden noch keine Berücksichtigung. Dennoch ist dieses Buch eine gelungene Darstellung moderner Analogschaltkreistechnologien, die es dem Leser ermöglicht, seine Schaltungskonzeption auf der Grundlage von Schaltkreiseinheiten aufzubauen. Es vermittelt Studenten, Entwicklungsingenieuren und all jenen, die sich mit Problemen der Analogtechnik zu befassen haben, die nötigen Entwurfs- und Berechnungsgrundlagen.

M. Lenk

Stable Isotopes
Proceedings of the 4th International Conference, Jülich, March 23–26, 1981

H.-L. Schmidt, H. Förstel u. K. Heinzinger (H .), Analytical Chemistry Symposia Series, Vol. 11, Amsterdam—Oxford—New York: Elsevier Sci. Publ. Comp. 1982. 775 S., 305 Abb., 96 Tab.; gebunden US $ 127,75; Dfl 275,00

In regelmäßigen Abständen von 2 Jahren werden internationale Konferenzen über Stabile Isotope abgehalten; die 4. Konferenz darüber fand vom 23.–26. März 1981 in Jülich statt. Im Rahmen der Serien über Symposien der Analytischen Chemie wurden als Band 11 die gehaltenen Vorträge (insgesamt 100) veröffentlicht.

Traditionsgemäß teilt man die Probleme und Gegenstände der Stabilen Isotope in die Teilaspekte der Trennung, Messung und Anwendung stabiler Isotope ein. Dabei spielt die Theorie der Isotopieeffekte eine gewisse übergeordnete Rolle, denn sie kann sowohl den Problemen der Trennung stabiler Isotope zugeordnet werden, als auch bei der Interpretation von Anwendungen stabiler Isotope ihre Berechtigung haben — ganz abgesehen von der Zuordnung der Theorie der Isotopieeffekte in der statistischen Thermodynamik. Legt man dieses mögliche Einteilungsprinzip auf die 4. Internationale Tagung über Stabile Isotope an, so ist zwar das Grundmuster noch erkennbar, aber ganz eindeutig zugunsten der Anwendung stabiler Isotope verschoben, sogar ausgesprochen verschoben auf das Gebiet der Biomedizin, das allein mit 65 Vorträgen behandelt wurde, und in 3 Untergebiete — Pharmakologie und Metabolismus von Pharmaka (9 Vorträge), Klinische Diagnose (13 Vorträge) und schließlich Atmungs- bzw. Lungenfunktionstests (11 Vorträge).

Das Gebiet der Geo- und Kosmoswissenschaften wurde in 13 Vorträgen behandelt; das nächste bedeutsame Gebiet der Anwendung — die Biowissenschaften, die Agrikulturchemie und die Umweltforschung — ist in insgesamt 19 Vorträgen zur Darstellung gekommen. Gliedert man der Vollständigkeit halber noch den Rest der 35 Vorträge auf, so entfallen 11 auf die Theorie der Isotopieeffekte, 15 behandeln analytische Fragen der stabilen Isotope und 9 sind der Trennung stabiler Isotope gewidmet.

Von den neueren Entwicklungen auf dem Gebiet der Trennung stabiler Isotope wären zu nennen die Gewinnung von ^{35}Cl (99,5 Atm.-%) und ^{37}Cl (95 Atm.-%) durch Thermodiffusion in einem Maßstab von 0,5 kg pro Jahr und auf die gleiche Weise die Gewinnung von 0,3 kg pro Jahr ^{34}S mit 93 Atm.-%. Ferner wurden die Ca-Isotope mit Hilfe spezieller Ionenaustauscher (mit Kronenethergruppen) getrennt (^{40}Ca, ^{44}Ca, ^{48}Ca) und die Trennfaktoren mit $\varepsilon = (5{,}7 \ldots 7{,}5) \cdot 10^{-3}$ für $^{44}Ca/^{40}Ca$ und mit $\varepsilon = (10{,}4 \ldots 12{,}9) \cdot 10^{-3}$ für $^{48}Ca/^{40}Ca$ ermittelt. Hochaktuell ist auch die Beschreibung der Synthese von deuterierten Prostaglandinen (D_4-$PGF_{2\alpha}$, D_4-PGJ_2 und D_4-6-Keto-$PGF_{1\alpha}$), eine Substanzgruppe der Gewebshormone, für deren Erforschung der Nobelpreis für Medizin 1982 vergeben wurde. Von den Entwicklungen auf dem Gebiet der Messung stabiler Isotope ist einerseits die Kopplung von GC/MS in vielen Arbeiten verwendet worden, andererseits werden auch neue probenchemische Schnellverfahren für die Präzisions-Massenspektrometrie beschrieben, so u. a. die Bestimmung des $\delta^{18}O$ in organischen Verbindungen durch einen Bombenaufschluß und die Bestimmung des $\delta^{13}C$ durch eine pyrolytische Zersetzung der organischen Verbindung. Neu dürfte auch die autoradiographische Bestimmung von ^{18}O mittels der Protonenaktivierungsanalyse $[^{18}O(p, n)^{18}F]$ sein, was vor allem bei Tracerexperimenten in biologischem Material vielversprechend ist. In der Biomedizin werden neben den bereits seit längerem angewendeten ^{15}N-markierten Verbindungen vor allem zunehmend die ^{13}C-markierten Verbindungen eingesetzt, die bei den Lungen- und Atmungstests die ^{14}C-markierten Verbindungen praktisch vollständig verdrängt haben. Allerdings ist immer noch eine Lücke zwischen der Menge an produziertem ^{13}C (ungefähr 15 kg pro Jahr) und dem Verbrauch (ungefähr 2,5 kg pro Jahr) feststellbar. Ferner zeichnen sich auch zunehmend Möglichkeiten der Bestimmung von Isotopenvariationen in der Lebensmittelchemie und in der Weinindustrie ab, um Fälschungen auf die Spur zu kommen.

Die 13 Vorträge im Rahmen der Geo- und Kosmochemie zeigen kein einheitliches Bild, ist doch dieses Sondergebiet der stabilen Isotope schon mehreren selbständigen internationalen Tagungen gewidmet: vom Ursprung des Sonnensystems über die Entwicklung der Erdkruste, der Atmosphäre und der zeitlichen Variationen des $\delta^{13}C$ seit dem Kambrium werden Themen über die Antarktis, den CO-Gehalt in der Atmosphäre und die $\delta^{18}O$-Variationen im Grundwasser der Bundesrepublik Deutschland u. a. behandelt.

Wie so häufig auf Tagungen, so wurde auch hier eine neue Abkürzung eingeführt: SIRA heißt *s*tabile *i*sotope *r*atio *a*nalysis, was andernorts IV, *i*sotopic *v*ariations heißen kann. Druckfehler sind kaum feststellbar; auf S. 467 ist allerdings das proteolytische Enzym Chymotrypsin zweimal als Chrymotripsin zu finden, und der Seitenhinweis, auf S. 760 unter Klein, P.D. 253, soll wohl 235 sein. Was bei Tagungsberichten und Proceedings immer wieder hervorzuheben ist: die Aktualität der Literatur. So werden 1432 Zitate aufgeführt, wobei 50,03% aus den Jahren 1976–1982 stammen mit einem Maximum von 13,9% aus dem Jahre 1980. Seit den 70er Jahren (1970–1982) sind 81,3% aller Zitate; ein Hinweis auf die starke Zunahme der Arbeiten allein in diesen Jahren.

Für den Verlag und für den Herausgeber ist zu sagen, daß nicht nur die unmittelbaren Teilnehmer an der Tagung dankbar sein werden, wenn in einem so kurzen Zeitraum nach der Tagung die Proceedings bereits in so geschlossener Form vorliegen, sondern auch die vielen am Thema interressierten Wissenschaftler werden dies begrüßen. Zum anderen ist es i. allg. nicht üblich, daß Proceedings auch ein Sach- und Autorenverzeichnis haben — auch dies wird dankbar von den Nutzern vermerkt werden. Alles in allem eine wertvolle Schrift für Biowissenschaftler, Biomediziner und für solche Forschungseinrichtungen, die stabile Isotope als Gegenstand ihrer Untersuchungen haben. Als *Gustav Hertz* 1932 das Gardiffusionsverfahren zur Trennung der Isotope an der Technischen Hochschule in Berlin anwendete, war er sehr im Zweifel wegen einer praktischen Berechtigung — diese Zweifel sind längst überwunden; der vorliegende Band ist ein weiteres schönes Zeugnis von der Bedeutung und Anwendbarkeit stabiler Isotope in der Forschung und Technik.

H. Hübner

Energieversorgung
Probleme und Ressourcen

F. Cap unter Mitwirk. von K. Schöpf. Stuttgart: B. G. Teubner 1981. 290 S., 1103 Lit., 51 Abb. u. Tab.; karton. DM 28,—

Das vom Professor für theoretische Physik der Universität Innsbruck, *F. Cap*, unter Mitwirkung von Dr. *K. Schöpf* geschriebene Buch stellt in allgemeinverständlicher Form eine Übersicht der Vor- und Nachteile einzelner Energiearten dar und entspricht somit dem aktuellen Bedarf an Fachinformation zu diesem äußerst wichtigen Thema. Aus einer umfassend dokumentierten (1103 Literaturzitate) Universitätsvorlesung entstanden, ist das Buch nach Intention des Autors als eine Faktensammlung für die Diskussion über die Energiepolitik, vorwiegend zwischen den Befürwortern und den Gegnern der Kernenergie, gedacht. Obwohl sich 1981 in 23 Ländern der Welt 272 Kernkraftwerke im Einsatz und 236 im Bau befanden und 7% der Elektroenergieversorgung der Welt in Kernkraftwerken produziert wird, ist die Diskussion über die Zweckmäßigkeit dieser Art der Energieerzeugung in einigen Ländern noch nicht abgeschlossen, sie nimmt sogar sehr scharfe Formen an. Um den Auseinandersetzungen um den weiteren Ausbau der Kernenergetik in Westeuropa eine sachliche Grundlage zu geben, stellt *F. Cap* ein umfangreiches Material über physikalische, technische, ökologische und ökonomische Probleme der einzelnen Energiequellen und Energiesysteme zusammen und formuliert eine Reihe energiepolitischer Aufgaben und Ziele für die Forschung und Wirtschaft Österreichs.

Das Buch gliedert sich in 17 Kapitel, in welchen die fossilen Brennstoffe, Sonnenenergie, Kernenergie und andere Energiequellen mit einer Vielzahl von Fakten, Tabellen, Illustrationen und Variantenberechnungen beschrieben werden. Einen relativ großen Anteil des Buches nimmt die Darstellung der Schadensrisiken bei Verwendung verschiedener Energiequellen in Anspruch. Hierzu werden statistische Unterlagen aus den bisherigen Störungen und Havarien ausgewertet. Die Angaben des Autors unterstreichen die hohe Sicherheit der Kernreaktoren und charakterisieren sie als eine effektive und umweltfreundliche Technologie der Energieerzeugung. Diese Auffassungen des Autors stimmen überein mit den mehrjährigen Erfahrungen der Länder bei Aufbau und Betrieb der Kernkraftwerke. So stellte z. B. der Generaldirektor der IAEA, *H. Blix*, in seiner Rede vor der XXVI. Generalkonferenz in Wien fest, daß bei den bisherigen 3000 „Reaktorjahren" der Kernenergetik noch kein einziger der 280 Reaktoren eine Havarie verursachte, in deren Ergebnis Personenopfer infolge der Strahlung zu beklagen wären. Es ist offensichtlich, daß trotz einiger technischer und ökonomischer Probleme, an deren Lösung intensiv gearbeitet wird, die Kernenergetik bereits heute als eine sichere und stabile Energietechnologie betrachtet werden muß, und daß ohne sie ein Wirtschaftswachstum nicht gesichert werden kann. Diese Aussage leitet der Autor aus einer fundierten Analyse des Energiebedarfes, der Struktur des Bedarfes und der Energieressourcen sowie aus dem Wachstum des Verbrauches der einzelnen Energieträger ab. Bei der Betrachtung der Korrelationsbeziehungen zwischen dem Energieverbrauch und dem Brutto-Sozialprodukt je Einwohner betont der Autor große Disproportionen zwischen den einzelnen Ländergruppen. Als Beispiel führt *F. Cap* den Energieverbrauch in den USA und Indien an. Während in den USA mit nur 7% der Weltbevölkerung 39% der auf der Erde „erzeugten" Energie oder 8500 kWh je Einwohner verbraucht wird, entfallen auf einen Einwohner in Indien lediglich etwa 200 kWh pro Jahr.

Bei der Beschreibung der einzelnen Arten der Energieerzeugung gliedert der Autor seine Darstellung folgendermaßen: physikalische Grundlagen, Ressourcen und Verbrauch, technische und technologische Grundlagen der Umwandlung, Analyse des Wirkungsgrades, ökonomischer Vergleich mit anderen Energieträgern, Sicherheitsaspekte, Umweltaspekte, Schlußfolgerungen für die weitere Entwicklung der Technologie und Nutzungsmöglichkeiten in der Zukunft. So z.B. beschreibt *F. Cap* in dem 83 Seiten umfassenden Kapitel 12 „Energie aus Kernspaltung" in sehr populärwissenschaftlicher Form die physikalischen Grundlagen der Kernspaltung, definiert die Begriffe der Isotopie, der Kernreaktion, der kritischen Masse, der Kettenreaktion, des thermischen Reaktors und des schnellen Kernreaktors. Seine Ausführungen werden durch eine Reihe von sehr gut ausgeführten Illustrationen *(M. Volkmer)* ergänzt. Es folgt die Beschreibung technischer und technologischer Prozesse in den verschiedenen Arten von Kernreaktoren, der zu verwendenden Brennmaterialien und die Analyse der Energiebilanzen. Eine umfassende Darstellung der Strahlenschutzmaßnahmen bei der Konstruktion der einzelnen Elemente der Reaktortechnik soll das im Vorwort formulierte Hauptanliegen des Buches unterstreichen. Gleiches gilt für die Erläuterung der biologisch-medizinischen Strahlenprobleme, bei welcher das „Bundesgesetzblatt für die Republik Österreich" vom 18. 2. 1972 „über Maßnahmen zum Schutz des Lebens oder der Gesundheit von Menschen einschließlich ihrer Nachkommenschaft von Schäden durch ionisierende Strahlen (Strahlenschutzverordnung)" komplett abgebildet wird. Auch den Problemen der Beseitigung radioaktiver Abfälle und den dabei zu lösenden Problemen widmet der Autor einen großen Anteil seines Buches.

Die Schlußfolgerungen seines Buches faßt *F. Cap* im Kapitel 17 in Form energiepolitischer Aufgaben und Ziele zusammen. Er schreibt hierzu: „Die Energieversorgung soll so eingerichtet sein, daß sie den materiellen Bedürfnissen zu entsprechen vermag, ohne den immateriellen zuwiderzulaufen". Nicht bloß wirtschaftliches Wachstum, die erwerbsmäßige Produktivität der Arbeitskraft und der persönliche Wohlstand sollen maximiert werden, sondern die Lebensqualität. Dazu zählen die gesicherte Deckung des Bedarfes an Nahrung, die Sicherung und Qualität des Arbeitsplatzes, die Berücksichtigung und Erfüllung sozialer und kultureller Ansprüche und eine saubere, nicht gesundheitsgefährende Umwelt, ohne zu berücksichtigen, daß in einer profitorientierten kapitalistischen Wirtschaft die Realisierung dieser Ziele nicht möglich ist.

Trotz einiger Vereinfachung und widerspruchsvoller Darstellung energiepolitischer Aspekte, kann das Buch von *F. Cap* als ein wertvoller Beitrag zu der aktuellen weltweiten Diskussion über die Energiemodelle der Jahrhundertwende betrachtet werden.

L. Jankowski

Physikalische Experimente an Leistungsreaktoren

Von Karl-Heinz Frach, Hans Greiner-Mai, Günter Suschowk

1982. 271 Seiten — 94 Abbildungen — 11 Tabellen — 8° — 42,— M; Ausland 48,— M
Bestell-Nr. 762 873 5 (6598)

Die Autoren geben einen Überblick über die für die Durchführung reaktorphysikalischer Experimente an Druckwasserreaktoren notwendige Theorie. Sie behandeln Methoden zur experimentellen Bestimmung von Reaktivitätseffekten, beschreiben die Durchführung von Experimenten in der Praxis und die damit verbundenen Probleme, geben Beispiele dazu an, gehen auf die Fehler der Messungen sowie die Probleme des Vergleiches mit Reaktorberechnungen ein und geben einen Ausblick auf Entwicklungstendenzen.

Bestellungen durch eine Buchhandlung erbeten

AKADEMIE-VERLAG
DDR-1086 Berlin, Leipziger Str. 3—4

Contents of this Issue

Articles

Letters to the Editor

From Practice

Indexed in Current Contents/PC & ES
Science Citation Index
and INIS Atomindex

FSC
www.fsc.org
MIX
Papier | Fördert gute Waldnutzung
FSC® C083411

Zeitfracht Medien GmbH
Ferdinand-Jühlke-Straße 7
99095 Erfurt, Deutschland
produktsicherheit@kolibri360.de